图 4.14　黄昏海边

图 4.16　女孩图像　　　　　图 4.17　提示词增加权重后生成的女孩图像

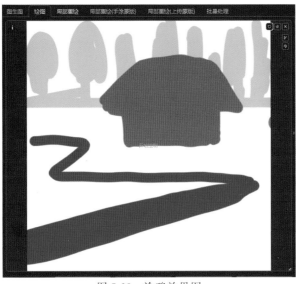

图 5.28　涂鸦效果图

图 5.36　白色上衣女孩　　　　　图 5.37　绘制蒙版示意图　　　　图 5.38　白色上衣变红色上衣效果

图 5.39　绿色背景人物图像　　　　图 5.40　手绘蒙版示意图　　　　图 5.41　蓝色背景人物图像

图 5.44　蓝色沙发图像　　　　　　　　图 5.49　绿色沙发图像

图 5.50　人物图一

图 5.51　人物图二

图 5.52　人物图三

图 5.57　红色外套人物图一

图 5.58　红色外套人物图二

图 5.59　红色外套人物图三

图 7.14　生成的办公椅图像

图 7.24　normalmap_bae 预处理器生成效果图

图 7.86　室内场景效果图

图 7.87　seg_ofade20k 预处理器生成的预览图

图 7.88　室内场景

图 7.89　室外场景效果

图 7.90　seg_ofcoco 预览图

图 7.91　室外场景

图 7.96　紫色头发的女孩

图 7.138　彩色人物

图 7.139　Recolor 提示词上色效果

图 7.140　房屋

图 7.141　着火的房子

图 7.142　冬天的场景

图 7.148　生成图像

图 7.151　海报

图 7.156　写实风格的圣诞主题插画

图 7.157　插画风格的圣诞主题插画

图 7.159　圣诞主题插图最终效果

图 8.5　影视概念效果图

图 8.7　Tile 生成图像

图 8.9　最终的影视概念效果图

图 8.11　放大后的影视概念效果图

图 8.12　夜晚分镜设计

图 8.13　清晨分镜设计

图 8.18　生成效果图

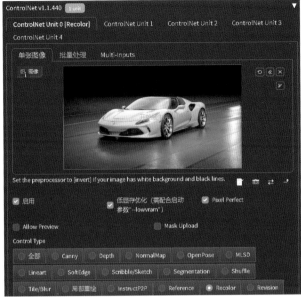

图 8.21　ControlNet 插件界面

图 8.22　红色跑车

图 8.23　ControlNet 插件界面

图 8.24 红色跑车

图 8.25 黄色跑车

图 8.26 红色跑车

图 8.31 生成效果图

图 8.33 生成效果图

图 8.35 冬天雪景

图 8.37　夏天户外场景

图 8.39　生成图标效果图

图 8.40　图标效果图

图 8.41　别墅效果图

图 8.42　中式建筑效果

图 8.52　室外雪景大图

图 8.55　街景

图 8.58　室内效果图

图 8.60　室内效果图

图 8.61　黄色色调室内效果

图 8.76　最终效果图

图 9.47　水果图像

微课
视频版

AI绘画

Stable Diffusion应用基础

冯　赫　李白羽　杨浩婕　李渤旭／编著

清华大学出版社

北京

内 容 简 介

本书系统讲述了 Stable Diffusion 图像生成技术。本书从基础理论出发，详细讲解了软件的安装和使用方法，并深入讲解了其在各艺术领域的应用案例，包括绘画创作、概念设计、游戏美术、建筑设计以及摄影艺术等。书中还包含 50 个微课视频教程，提供了一种更加直观和交互式的学习体验。

全书共分 3 部分：第 1 部分为基础知识（第 1～2 章），详细介绍人工智能在艺术创作中的应用以及 AI 生成图像技术的发展脉络；第 2 部分为功能应用（第 3～5 章），详细介绍 Stable Diffusion 的各种功能以及应用；第 3 部分为实际案例（第 6～9 章），引导读者通过具体案例学习将 AI 技术应用于不同领域的创作，每一章都通过实践案例展现 AI 绘画技术的多样性和灵活性。

本书既可作为高等院校相关专业的教学用书，又可作为艺术设计爱好者的学习用书，还可以作为社会各类 AI 绘画培训班的首选教材。

图书在版编目（CIP）数据

AI 绘画 ：Stable Diffusion 应用基础 ：微课视频版 / 冯赫等编著.
北京 ：清华大学出版社，2025.2. --ISBN 978-7-302-67939-4

Ⅰ．TP391.413

中国国家版本馆 CIP 数据核字第 202546ZH60 号

责任编辑：张　玥
封面设计：吴　刚
责任校对：徐俊伟
责任印制：丛怀宇

出版发行：清华大学出版社

网　　　址：https://www.tup.com.cn，https://www.wqxuetang.com	
地　　　址：北京清华大学学研大厦 A 座	邮　　编：100084
社 总 机：010-83470000	邮　　购：010-62786544
投稿与读者服务：010-62776969，c-service@tup.tsinghua.edu.cn	
质量反馈：010-62772015，zhiliang@tup.tsinghua.edu.cn	
课件下载：https://www.tup.com.cn，010-83470236	

印　装　者：天津鑫丰华印务有限公司
经　　销：全国新华书店

开　　本：185mm×260mm	印　张：13.5	插页：8	字　　数：330 千字
版　　次：2025 年 3 月第 1 版			印　　次：2025 年 3 月第 1 次印刷
定　　价：49.80 元			

产品编号：105726-01

前言

在数字化浪潮中,人工智能艺术的兴起不仅是技术革新的产物,更是艺术表达形式的一次深刻变革。本书是一本为读者开启新兴技术之门的指南,深入介绍了利用 Stable Diffusion 将技术融入艺术创作中,探索其广阔的创造潜力。阅读本书,读者不仅可以理解 Stable Diffusion 技术的原理,而且能将其作为增强和丰富艺术创作的有力工具。本书的核心内容包括 Stable Diffusion 的理论基础、操作技巧以及在不同艺术领域中的应用。不仅介绍了 AI 艺术的背景知识,还详细讲解了安装和使用 Stable Diffusion,通过提示词控制艺术创作的方向,以及在多种艺术形式中应用这项技术。另外,本书以"理论知识+项目案例"的形式讲述 Stable Diffusion 在各个领域的应用技巧。本书既可作为高等院校相关专业的教学用书,又可作为艺术设计爱好者的学习用书,还可以作为社会各类 Stable Diffusion 培训班的首选教材。

本书具有以下特点:

(1) 知识体系完备。教材从 AI 绘画的认识展开,逐步深入至 Stable Diffusion 的部署、界面功能、插件安装以及 Stable Diffusion 在不同领域的应用,全面涵盖了从基础理论到实践操作的所有内容,构建完备的知识体系。

(2) 注重理论和实践的结合。在讲解 AI 绘画的理论知识时,教材极为注重与丰富多样的实践案例相结合,使读者能够将所学理论知识迅速转化为实际操作能力,深化对知识的理解与掌握。

(3) 内容全面。教材不但涵盖了 Stable Diffusion 的基本操作和功能,还涉及常用插件的应用,以及其在影视、游戏、建筑、包装等设计领域和摄影方面的具体应用,使读者全方位了解该工具在不同场景下的价值和作用。

(4) 教材提供配套的案例素材、视频教程。

本书由冯赫、李白羽、杨浩婕、李渤旭共同编写。其中,冯赫编写了第 1、7、8、9 章并统稿,共 200 千字;李白羽编写了第 2、3、4、5 章,共 95 千字;杨浩婕编写了第 6 章,李渤旭负责案例视频的规划与制作。本书在出版过程中得到了清华大学出版社的大力支持,在此表示诚挚感谢。同时也对本书中用到的开源模型、整合包作者表达最诚挚的敬意。

由于作者水平有限,书中难免有不妥和疏漏之处,恳请各位专家、同仁和读者不吝赐教,并与作者讨论。

作　者
2024 年 8 月

目录

第 1 章

认识 AI 绘画

本章学习要点:

- 了解 AI 艺术的定义与范畴。
- 了解 AI 工具在艺术创作中的应用。
- 掌握未来 AI 艺术的趋势和潜力。

1.1 AI 在艺术中的应用

过去几年中,人工智能(artificial intelligence,AI)的潜能已被广泛激发,范围涵盖自动驾驶汽车、语音助手以及 AI 语言模型等多个领域。AI 的发展正不断扩展至更多的领域,其中艺术领域的应用尤其引人注目,AI 艺术正引领着一场创新的"革命"。

AI 艺术是指使用人工智能作为媒介和工具来创作艺术作品。通过机器学习技术,AI 能从海量数据中学习和模拟人类绘画的风格和技巧,从而创造出仿真或具有独特性的艺术作品。AI 艺术的范畴非常广泛,包含计算机生成的 2D 图像、3D 渲染、图形艺术,并且还扩展到音乐和诗歌领域。当前,AI 艺术正在挑战人们对于创作、审美甚至艺术价值的传统观念,它像一记清晰而深远的钟声,引导人们从全新的视角来理解和欣赏艺术。

AI 艺术的核心技术以机器学习为基础,特别是深度学习,这些技术极大地扩展了艺术创作的可能性。通过机器学习,AI 获得了学习的能力,不仅能"借鉴"人类艺术家的作品,还能提取其中的风格与技巧,并结合自身的理解独立地创造全新的作品。这种能力是 AI 艺术最令人着迷的特点之一。

深度生成对抗网络(generative adversarial network,GAN)是当前备受关注的技术之一。面对基于人类艺术品的数据集,GANs 宛如艺术家的眼睛与双手,通过学习和训练吸收艺术品的风格,进而创造全新的艺术作品。它包含两个相互竞争的神经网络:一个生成器(generator)和一个鉴别器(discriminator)。这两个网络在一个反馈驱动的过程中进行对抗性学习。生成器致力于创造高度逼真的图像,而鉴别器则努力区分生成的图像与真实图像之间的差异。通过这种对抗过程,两个网络不断进化,以致生成器能够制作出越来越精细的仿真图像。

GAN 技术为 AI 在艺术创作上的应用开辟了新的可能性。它使得人工智能能够深入学习大量艺术品的视觉特征和风格,并在此基础上创造新的作品,它们在视觉上可以与真实艺术作品竞争。

谷歌的 DeepDream 和 Obvious 艺术的 *Portrait of Edmond de Belamy* 便是运用了 GAN 技术的著名项目。在某些高级的 AI 艺术作品中,GAN 展现了惊人的创新性和原创性,人们仿佛置身于艺术大师的工作室,为其创意和才华所震撼。

然而,AI 艺术的表现形式和风格并不单一。其他主要的 AI 艺术流派包括内容生成、交互式艺术和演化艺术。内容生成艺术依赖算法生成全新的作品,其工作过程类似一个精密的工厂,输入的数据经过算法处理,最终产出独特而美观的艺术作品,如图 1.1 所示。

图 1.1　多种 AI 艺术风格作品

AI 艺术还允许观众直接参与作品的生成过程,使艺术形式转变为一种公开且参与性强的体验。通过人机互动,每个人都有成为艺术家的潜力。AI 生成的每件作品都是独一无二的,它们的存在虽短暂,却如同美丽的流星划过天空,令人难以忘怀。AI 艺术通过这种方式开辟了新的可能性,让每个人都有机会参与艺术创作,这与传统艺术的创作方式形成了鲜明对比。它打破了艺术家与观众之间的界限,提供了一种新的艺术体验方式。

运用仿生算法模拟自然选择和进化过程,以生成作品,这种艺术形式仿佛是时间的可视化,既融入了历史的印记,又展望了未来的轮廓。在这种不断变化的艺术中,每一刻所见都不同,每一次刷新都带来新的作品,这种艺术形态以独特的方式挑战人们对艺术、生活甚至时间的理解。图 1.2 为 AI 生成的油画作品。

图 1.2　AI 油画作品

深入探索 AI 艺术,可以发现它正在开启一场创新革命,对现有的艺术体系和审美观念产生越来越多的影响。尽管这一领域仍然崭新,其未来的方向充满不确定性,但人们可以预见更多样化的创作方法和新的商业模式。总的来说,AI 艺术代表创新与技术的结合,并将成为未来艺术世界的一个重要趋势。在人类创造力与机器智能相互激发的新时代,AI 艺术不仅引领人们进入充满无限可能的未来,也促使人们对传统意义上的创新和艺术有了更深层的认识和理解。

1.2 人工智能生成图像技术的历史进程

20世纪50年代,人工智能在绘画领域的探索初见端倪。尽管当时的电子计算机功能受限,但一些前卫艺术家已经开始尝试利用这些原始设备进行图形演算和设计,这些实验奠定了未来人工智能绘画发展的基础。艺术家乔治·尼斯(George Nees)和弗里德·纳克(Frieder Nake)进行了一系列创新性尝试。作为最早的生成艺术样本之一,纽特的作品通过随机性与设计的结合引起了广泛关注。这种随机性的生成艺术与达达主义的精神相呼应,挑战传统秩序与理性,强调创新与偶然性的结合。

生成艺术不仅继承了前卫艺术的传统,而且强调创作过程和结果的不确定性。艺术家设定一系列规则和代码,通过计算机和算法加工创作作品。在当代艺术市场,生成艺术受到热烈追捧,尤其是在区块链技术的推动下,艺术家通过上传创作代码,能让买家参与艺术创作过程。例如,CryptoPunks(图1.3)便是此类艺术的典型例子,其每个作品都具有独特的特征,如肤色、发型和装饰等,它们均是随机生成的,增加了艺术品的独特性和收藏价值。

图1.3 CryptoPunks

到了1960～1970年代,计算机科技及其在艺术领域的应用取得了显著进展。随着编程语言和图形处理技术的发展,那些早期探索者开始利用计算机进行更复杂的设计和创作。一些艺术家采用简单的算法设计复杂的图像,如分形艺术,这种艺术形式利用数学分形算法产生具有无限重复、精致复杂且变化无穷的图像。最初这些作品多具有抽象、独立的特征,有时会给人一种冰冷、机械的感觉,但它们展示了计算机在艺术创作中的潜力。

进入1980年代和1990年代,随着人工智能技术的进步,艺术家开始尝试让计算机学习并模仿人类的艺术风格。哈罗德·科恩(Harold Cohen)的AARON项目(图1.4)便是一种艺术风格学习的应用实例。科恩开发了一个简单的AI系统来模仿自己的绘画风格,使该系统最终能够独立创作类似科恩风格的图像。这种自我创作和学习的尝试表明,AI不仅能完成技术性的绘画任务,还能逐步学习和理解人类的艺术风格。

2006年,深度学习概念的提出标志着计算机学习人类艺术风格的一个重大飞跃。AI

图 1.4　哈罗德·科恩的 AARON 项目

开始能够理解和创作具有情感色彩、独特风格和内在意义的艺术作品,如谷歌的 DeepDream 项目。DeepDream 利用深度学习技术模仿人脑的处理方法,学习识别和重新组合图像中的颜色、形状和纹理,创造出充满梦幻色彩的视觉作品,如图 1.5 所示。

图 1.5　DeepDream 生成作品

在 2018 年的 Christie's 拍卖会上,一件由人工智能生成的绘画作品(图 1.6)以 43.2 万美元的价格售出,它的创作者是由艺术集体 Obvious 开发的算法。这一事件不仅引发了艺术界的广泛关注,而且在公众中激起了对于创作源泉、版权归属以及人工智能在艺术创作中地位的深刻反思。这件作品的售出标志着人工智能艺术创作进入了一个新纪元,并在技术和哲学层面上挑战了传统关于艺术创作的认知。

图 1.6　43.2 万美元的 AI 绘画作品

人工智能在艺术创作领域的应用正处于快速发展之中,尽管它带来了技术层面上的突破和道德层面上的争议,但其在艺术界引起的影响力不容小觑。它重塑了人们对艺术和创作概念的理解,并为艺术注入了新的活力。目前,尽管人工智能是否能够创造出具有情感含量的艺术作品尚无定论,但作为一种创作工具,它已经被越来越多的艺术家和创作者采用。现在正是一个艺术创作的转折点,新的艺术形式正在孕育中,这不仅改变了艺术家的创作方式,也引发了关于艺术本质、创新过程及人工智能角色的广泛讨论。展望未来,在人工智能基础上的艺术创新将持续涌现,在商业和纯艺术领域产生更多令人惊叹的作品,特别是结合了虚拟现实(Virtual Reality,VR)、增强现实(Augment Reality,AR)等新技术后,将会出现更多超越传统想象的创作。总而言之,人工智能绘画技术的发展历程展现了科技与艺术相互促进的美好融合前景,通过早期的实验到现在深度学习和GANs的成熟应用,人工智能已成为现代艺术创新不可忽视的力量。人们正迈入一个由人工智能与艺术家协作共创的全新艺术时代。

1.3 AI 绘画工具介绍

当前人工智能绘画领域正经历技术革新的高潮,众多工具和模型的涌现显著提升了图像创作和编辑能力。Midjourney、DALL·E 3、Adobe Firefly 以及 Stable Diffusion 等应用程序,都在艺术家和创意专业人士的工作中发挥着重要作用。它们不仅提高了创作效率,还拓宽了创新边界。此外,中国的"文心一格"也不甘落后,成功研发并推出了具有国际竞争力的 AI 绘画工具。

这些工具和模型的开发不仅在技术领域引起了轰动,而且为全球的艺术创作爱好者提供了新的可能性。随着技术的不断进步,用户群体已经期待未来会有更多创新性工具和模型的问世,从而进一步促进 AI 绘画技术的发展。

在这些进步中,Midjourney(图 1.7)以其卓越的艺术效果和友好的操作界面著称。Midjourney 不仅在模型的精确性和多样性上进行了持续优化,还推出了一系列高级功能,如图像放大(upscale)、图像变体(variation)、定向修改(remix)、图像提示(image prompt)、与机器人私聊生成图像(DM to bot)和个人画廊手机版(gallery),以满足不断增长的需求。这些功能的增加使 Midjourney 在 AI 绘画工具市场保持了领导地位,并会继续带来更加丰富和深入的创作体验。

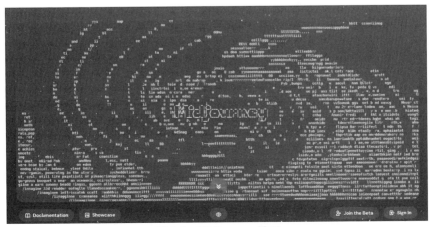

图 1.7　Midjourney 界面

　　OpenAI 推出的 DALL·E 3(图 1.8)是一款令人瞩目的 AI 绘画工具。它的界面设计简洁直观,任何人只需访问其官方网站并注册账户,即可轻松体验 AI 驱动的创作过程,将文字描述转化为精细的图像。为了确保使用的合规性,DALL·E 3 对生成的图像内容进行了严格限制,禁止产生带有暴力、色情或涉及公共人物与名人形象的作品,展现了对社会责任和伦理的充分考虑。

图 1.8　DALL·E 3 界面

　　Adobe Firefly(图 1.9)是 Adobe 公司为 Photoshop 开发的一种创新的生成式 AI 工具。Adobe 致力于将 Firefly 整合到其广泛的编辑和合成软件套件中,为使用者提供更加便捷和强大的创作体验。这一战略举措预示着 Adobe 未来将为创意专业人士提供更为丰富和无缝的工作流程,进一步巩固其在数字创作领域的领先地位。

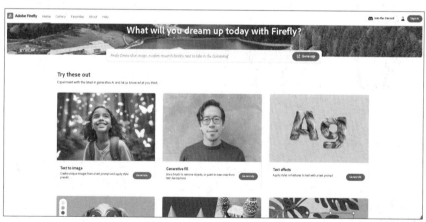

图 1.9　Adobe Firefly 界面

　　百度公司推出的 AI 工具"文心一格"(图 1.10)构建于强大的"文心"大模型之上。该平台不仅支持内容创作,还鼓励使用者积极参与社区生态,通过签到和发布作品来积累积分。这些积分可以支持使用者进一步的创作活动。此外,"文心一格"还提供了一个交流空间,让创作者们可以分享经验、交换意见,并从彼此的作品中获得灵感。

　　最后提到的 Stable Diffusion(图 1.11),是一款突破性的 AI 绘画工具。它能够依据提

图 1.10 "文心一格"界面

图 1.11 Stable Diffusion 应用界面

供的文字描述或已有图像生成新的视觉作品。这一工具的开发标志着在人工智能驱动的图像生成方面的重大飞跃,它极大地丰富了艺术家、设计师及创意工作者的工具箱。

该工具的核心在于其扩散模型,这是一种特别的神经网络,它通过将图像从一种含有噪声的状态逐渐转变为清晰状态的方式来创建图像。在这个过程中,文本描述或参考图像被编码成一组向量,它们随后被用作扩散模型的输入。模型通过一系列迭代去除噪声的步骤逐渐构筑出高质量的图像。

Stable Diffusion 不仅能够从文字描述中生成富有创意和想象力的图像,还可以在短时间内生成高质量的视觉内容,大幅提升创作效率。此外,这款工具支持高度定制化,允许根据个人需求和偏好调整模型,以生成特定风格、颜色或材质的图像。Stable Diffusion 提供了一个直观的用户界面,使得无论是专业人士还是业余爱好者都能轻松上手,利用这个强大的 AI 绘图软件进行创作。

这款软件对于不同的创意产业都是一份宝贵的资源。艺术家可以利用它快速形成创意草图,设计师可以借此获取新的设计灵感,而影视制作人员和游戏开发者则能以此创造新颖的视觉效果和游戏资产。Stable Diffusion 为各个领域开辟了前所未有的创作可能性。

随着 AI 技术的不断进步,Stable Diffusion 将经历更多的迭代和优化,进一步提升其智能化水平,更准确地捕捉和理解创作需求,从而生成更加逼真和多样化的图像。未来,

Stable Diffusion 可能也会与其他 AI 技术结合,为使用者带来更加丰富和高效的创作体验。总的来说,Stable Diffusion 是一款兼具创新性和实用性的 AI 绘画生成软件,已经成为艺术家、设计师和创意从业者不可或缺的创作伙伴。

1.4 本章小结

本章阐述了人工智能艺术的定义、起源及演变,分析了技术进步如算法和计算能力对 AI 艺术的推动作用。继而深入介绍了几款现代 AI 绘画工具,展望了 AI 与艺术结合的未来趋势,并探讨其对创意表达和审美观念的影响。

第 2 章

Stable Diffusion 的部署与模型安装

本章学习要点:

- 熟悉 Stable Diffusion 的配置要求。
- 掌握 Stable Diffusion 本地部署的方法。
- 掌握云端部署 Stable Diffusion 的流程。
- 掌握使用 Civitai 和 Hugging Face 等平台获取模型的方法。
- 掌握大模型、LoRA 模型和 VAE 模型的下载和安装方法。

2.1 本地部署 Stable Diffusion

Stable Diffusion 是一个创新的开源图像生成人工智能程序,其在 AI 绘画领域已崭露头角,尤其是其在标准消费级别的 PC 配备的图形处理单元上展现出的卓越单机计算效能,使其受到广泛颂扬。本节详细介绍 Stable Diffusion 的配置要求和安装方法,以及模型的类型与下载安装方法。

2.1.1 Stable Diffusion 的配置推荐

Stable Diffusion 的不同用户群体对其需求有显著差异,设计师和人工智能绘画爱好者对 Stable Diffusion 的要求各有侧重,在硬件配置方面也存在差异。以下是 Stable Diffusion 的最低配置要求。

用户需使用 Windows 或 macOS 操作系统。显卡的显存不得低于 4GB,建议选用 NVIDIA 系列显卡。系统内存应不少于 16GB,建议使用 DDR4 或 DDR5 内存。系统需要至少 100GB 的硬盘空间,最好使用固定硬盘,以提高读写速度。

上述配置为确保 Stable Diffusion 正常运行的最低要求。如果用户希望获得更快的图片生成速度和更高分辨率的图像,可能需要更强大的硬件支持。例如,具有 16GB 或 24GB 显存的 NVIDIA 系列显卡,以及 1TB 或 2TB 的存储空间。具体的硬件配置应根据实际需求调整。

2.1.2 Stable Diffusion 的安装流程

对于不熟悉复杂安装流程的读者来说,手动安装 Stable Diffusion 会比较困难。一般而言,需要从官方网站下载 Stable Diffusion 的程序包、安装 Python 环境以及确保所有必要的依赖项(如 PyTorch、NumPy 和 Pillow)都已经正确安装。简便的方法是使用整合包来自动化处理整个安装过程。

它自动化处理所有复杂的安装与配置步骤,极大地简化了初学者的安装过程。

这里推荐的整合包为 Stable Diffusion WebUI,它是集成了 Web 操作界面且具有广泛适用性的 Stable Diffusion 版本,由哔哩哔哩网站的"秋葉 aaaki"整合并发布,可以帮助读者实现一键完成 Stable Diffusion 的本地部署。

下面讲解安装过程。

步骤 1:访问网盘链接 https://pan.quark.cn/s/2c832199b09b。下载 Stable Diffusion 的整合包。

步骤 2:下载完成后,在非系统盘的适当位置解压文件。解压内容应包括 controlnet 模型文件夹、WebUI 压缩包及启动器运行依赖文件。如图 2.1 所示。

图 2.1　Stable Diffusion 安装包

步骤 3:双击启动器运行依赖文件,如图 2.2 所示。

图 2.2　安装运行依赖

步骤 4:解压 WebUI 压缩包,包含用户界面和运行 Stable Diffusion 所需的所有文件。完成解压后,执行启动器程序。WebUI 启动器如图 2.3 所示。

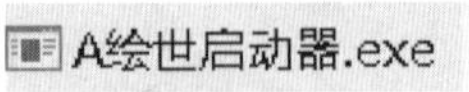

图 2.3　WebUI 启动器

步骤5：复制 controlnet 模型文件夹中的文件，解压到 models/controlnet 文件夹内，确保模型文件存放在正确的位置。图 2.4 为 controlnet 的 14 个模型文件。

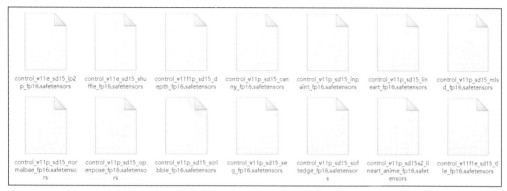

图 2.4　controlnet 模型文件

步骤6：双击启动器，弹出操作界面，通过该界面可以进行后续操作。如图 2.5 所示。

图 2.5　WebUI 启动器界面

　　使用各种整合包及启动器时，鉴于来源的多样性，启动界面的外观可能存在可见的差异，且不同版本之间亦可能会有所区别。尽管如此，Stable Diffusion 的核心功能以及其操作参数都是一致的。

　　最新版本的启动助手采用了先进的自动识别技术，能够检测并适应计算机的具体配置。此外，它还整合了自动更新、插件管理、模型安装等多项功能，旨在提升用户体验的便捷性。单击"一键启动"按钮，启动助手将自动完成全部必要的配置工作。一旦程序成功激活，它就会显示一个网络地址，将此地址复制到网页浏览器中可以访问，或者选择让启动助手自行在浏览器中打开 Stable Diffusion 界面。在 Stable Diffusion 的操作过程中，必须保持启动助手界面的运行状态，以确保程序的连贯性。

　　在运行过程中遭遇任何技术问题，启动助手提供的提示信息将成为解决问题的重要参考。因此，应当留意并充分利用这些信息来确保 Stable Diffusion 的顺利运行。

2.1.3 Stable Diffusion 的分支介绍

目前,Stable Diffusion 出现了多个分支,下面就各个分支作简单的归纳介绍。

Web UI 是 Stable Diffusion 的官方界面,为用户提供了基本的功能和操作方式,是许多用户开始使用 Stable Diffusion 的起点。它是 Stable Diffusion 的基础,其他 UI 可能在此基础上进行改进和增强。

ComfyUI 是建立在 Web UI 之上的重新实现和改进。它在 Web UI 的基础上进行了功能的增强和用户体验的优化,具有一些独特的功能和设计,以满足特定用户的需求。

Forge 则是建立在 Stable Diffusion Web UI 之上的平台,旨在提供更快速、高效的深度学习模型部署与推断体验。

2.2 Stable Diffusion 的云端部署平台介绍

将 Stable Diffusion 部署在云服务器上,利用云服务器的优势更好地体验 AI 绘图,是未来发展的趋势之一。在云端,用户输入文本描述或图形信息就可以生成图像。本节将介绍常用的 Stable Diffusion 云端部署平台。

2.2.1 阿里云部署 Stable Diffusion

阿里云是全球领先的云计算及人工智能科技,提供服务于全球 200 多个国家和地区的企业、开发者和政府机构。阿里云旨在通过在线公共服务提供安全、可靠的计算和数据处理能力,使计算和人工智能技术惠及大众。读者可在阿里云平台创建云服务器并安装 Stable Diffusion 所需的程序和环境。图 2.6 为阿里云平台。

图 2.6 阿里云平台

阿里云的部署流程如下。

步骤 1：登录阿里云控制台,并购买云服务器。

步骤 2：安装 Stable Diffusion 所需的程序和环境。

步骤3：配置服务器的网络设置，确保可以通过服务器的 IP 地址或域名访问 Stable Diffusion 服务。

步骤4：启动 Stable Diffusion 服务，并通过 IP 地址或域名访问服务。

2.2.2　腾讯云部署 Stable Diffusion

腾讯云致力于帮助各行各业实现数字化转型，提供领先的云计算、大数据、人工智能服务，并提供定制化的行业解决方案和企业云服务。在腾讯云部署 Stable Diffusion 可以提升 AI 绘图的出图速度。图 2.7 为腾讯云界面。

图 2.7　腾讯云界面

腾讯云的部署流程如下。

步骤1：注册腾讯云账号，并完成实名认证。

步骤2：购买腾讯云的图形处理器（graphics processing unit，GPU）云服务器，选择适合的配置和地区；推荐使用 GPU 服务器，以获得更快的绘图速度。

步骤3：使用远程桌面连接云服务器，Windows 用户可以使用远程桌面功能，而 macOS 用户可以使用 Microsoft Remote Desktop 或其他兼容程序。

步骤4：下载并安装 NVIDIA 显卡驱动程序和 Stable Diffusion WebUI 压缩包。

步骤5：解压并安装启动器所需的运行依赖。

步骤6：运行启动器，进入 Stable Diffusion WebUI 操作界面。

通过上述步骤，读者可以在阿里云和腾讯云平台上成功部署并使用 Stable Diffusion 生成图像。需要注意的是，在使用过程中，需要根据具体情况调整配置和设置，以确保最佳的性能和体验。

2.3　下载与安装 Stable Diffusion 模型

Stable Diffusion 的图像生成完全依赖各种类型的模型支持。模型的种类很多，本节将对常用类型的模型作讲解，包括模型的下载途径、不同种类模型的区别以及模型的安装路径等。

在人工智能领域,Civitai 和 Hugging Face 是拥有 Stable Diffusion 模型最为丰富的两大平台。其中,Civitai 常被亲昵地称作"C站",汇集了多种多样的模型资源。借助这些模型及人工智能的强大能力,人们可以创造各式各样引人入胜的艺术作品。图 2.8 为 Civitai 网站。

图 2.8 Civitai 网站

哩布哩布 AI 是国内目前下载模型比较方便的网站,输入网址 http://www.liblib.ai/进入网站后,可以在模型广场搜索需要的模型,并下载使用。图 2.9 为哩布哩布 AI 网站。

图 2.9 哩布哩布 AI 网站

在 Stable Diffusion 中,"大模型"一词特指基于扩散模型(diffusion models)的生成模型,主要用于图像生成,它们是该技术生成图像的核心。这些基础模型为 Stable Diffusion 提供了必要的数据处理能力。安装 Stable Diffusion 后,需要至少下载一个这样的大模型,才能顺利运行这一工具并开始创作。

除了基本的大模型,Civitai 网站还提供了多种类型的模型,可供用户下载并应用于特定需求。例如,LoRA 模型、ControlNet 模型(增加条件约束)、Textual Inversion 模型(定制提示词生成图像),以及 Hypernetwork 和 VAE 模型。这些模型具有多样性和专业性,能够满足用户的广泛需求。

　　在 Stable Diffusion 的应用实践中,探索不同的模型类型并体验其所生成的不同风格的图像,是一个充满乐趣的探索过程。即使在相同的指令下,不同模型也可能产生迥异的视觉效果。因此,这个过程不只是关于找到合适的模型,更是关于创造和发现的旅程。

2.3.1　大模型的安装与应用

　　在 Stable Diffusion 中,大模型凭借庞大的参数量,具备卓越的高精度图像生成能力。它能够处理复杂的图像细节和纹理,因此在生成逼真图像方面表现出色。大模型不仅能准确捕捉微小的细节,还能生成具有高分辨率的图像,在各种应用场景中都能提供优质的视觉输出。这种高精度生成能力使得大模型在需要精细图像处理的行业,如影视制作、广告创意以及数字艺术等领域具备明显的竞争优势。

　　在泛化能力方面,大模型展现了非凡的实力。经过大量多样化数据的训练,这些模型能够在不同风格和内容的图像生成任务中保持一致的质量和风格。这意味着无论是生成抽象艺术、写实场景还是卡通风格的图像,大模型都能以稳定的质量输出。它确保了面对新颖或未见过的数据时,模型仍然能维持其生成图像的质量和一致性,为各种创意设计提供了可靠的技术支持。

　　大模型在多样性和灵活性方面的表现同样值得关注。其强大的适应性使得它能够在不同的任务和应用场景中灵活运用。通过针对特定任务进行微调,大模型可以满足各类特定需求。这种多样性允许用户在同一模型框架下探索不同的创意方向,不用从头开始训练新模型。这种灵活性不仅节省了资源,还加速了实验和开发过程,使其在快速变化的市场需求中占据有利地位。

　　在个性化调整方面,大模型提供了丰富的可能性。例如,通过使用如 LoRA 模型和文本反转等技术,用户可以对模型进行个性化和定制化的微调。这些技术允许在保持模型整体能力的同时,针对特定风格或内容调整,从而生成具有独特个性的图像。这种个性化能力使得大模型在满足特定用户需求和品牌风格方面具有显著优势,为个性化创意提供了广阔空间。

　　在 Civitai 或其他模型网站上,大模型通常以 checkpoint 形式存在,通过识别.safetensors 文件后缀即可找到。只需下载相应的大模型,将其放入 Stable Diffusion 安装目录下的 stable-diffusion-webui\models\Stable-diffusion 文件夹即可完成配置。

2.3.2　LoRA 模型的安装与应用

　　LoRA 模型是一种用于微调大模型的小型模型,可以在选择的大模型基础上添加一个或多个小模型,以实现对生成内容的特化,使得生成的结果更加符合预期。LoRA 模型的全称是 Low-Rank Adaptation Models,中文翻译为低阶自适应模型。它的作用是影响和微调生成结果,通过 LoRA 模型的帮助可以更好地再现人物或物品特征。

　　在人物生成方面,LoRA 模型通过微调大模型可以更好地捕捉人物的特征和表情,使得生成的人物形象更加具有特色。

　　LoRA 模型的使用方法案例如下。

步骤1：生成原始图像。在 Stable Diffusion 中使用写实风格的大模型生成一张佩戴眼镜的女性肖像。结果如图 2.10 所示。

步骤2：加载 LoRA 模型进行微调。使用相同的大模型和参数条件生成新的图像。这一步骤的目的是在保留原图特征的基础上，通过 LoRA 模型的微调功能改变图像的风格。新生成的图像，如图 2.11 所示，通过 LoRA 模型的微调，生成了不同样貌风格的戴眼镜女性肖像。

图 2.10　女性肖像

图 2.11　LoRA 模型微调后的女性肖像

由于 LoRA 模型的介入，新生成的图像在风格上已经发生了显著变化。这种变化反映了 LoRA 模型在微调图像风格方面的强大能力。LoRA 模型也可以用于场景的生成。通过微调大模型，可以更好地再现场景的细节和特征，使得生成的场景更加精确和逼真，或具有某种风格和特点。

LoRA 模型在风格迁移的应用中具有显著作用。例如，使用水彩风格的 LoRA 模型可以生成具有水彩画效果的图像，如图 2.12 所示。

图 2.12　LoRA 模型生成的水彩效果的图像

LoRA 模型作为一种微调工具，在使用大模型进行图像生成过程中扮演着重要角色。它对大模型进行精细调整，能够更加精确地达成绘画创作的目标和效果。LoRA 模型的适用场景广泛，可以应用于风格迁移、细节增强、个性化创作等各方面。

LoRA 模型的安装路径为 stable-diffusion-webui\models\LoRA 文件夹。通常,LoRA 模型的文件大小约为 150MB,相比于大模型来说,其体积相对较小,而大模型的文件通常超过 1GB。这一显著的大小差异可以作为区分两种模型的依据。通过这种方式,LoRA 模型与大型模型的协同为创作者提供了更丰富的图像生成工具和方法。

2.3.3 VAE 模型的安装与应用

VAE,即变分自编码器(Variational Auto Encoder),是 Stable Diffusion 模型算法中的关键组成部分。它在某种程度上类似图像处理中的滤镜功能,不仅能够在视觉上调整图像风格,还能提升图像在局部细节上的生成质量。此外,VAE 也常用于模型的微调,以达到优化特定图像特征的目的。VAE 模型文件的安装路径为 stable-diffusion-webui\models\VAE 文件夹。图 2.13 是未开启 VAE 模型的状态下生成的图像,图 2.14 是开启 VAE 模型的状态下生成的图像。

图 2.13 未开启 VAE 模型生成的图像

图 2.14 开启 VAE 模型生成的图像

2.4 本章小结

本章详细介绍了在本地和云端部署 Stable Diffusion 的方法,提供了本地环境的推荐配置和详细安装步骤,并说明了在阿里云和腾讯云上的部署流程。详细讲解了下载和安装核心模型、LoRA 和 DVAE 的步骤,帮助读者在不同环境中配置和运行 Stable Diffusion。

第 3 章

Stable Diffusion 的界面

本章学习要点：

- 掌握 Stable Diffusion WebUI 基本功能和操作流程。
- 掌握种子值在图像生成中的作用及其设置方法。
- 掌握采样方法、迭代步数以及生成批次与单批数量对生成图像的影响。
- 掌握输出分辨率的设置及其对图像质量的影响。
- 掌握高清修复功能的相关操作。
- 掌握脚本功能的应用。

3.1 功能选项

Stable Diffusion 的每种选项卡都具备独特功能，可以根据需求灵活选用。下面介绍各选项卡的功能，并举例说明一些常用功能的作用与使用方法。因为版本与系统的原因，选项名称可能会翻译不一致，但其功能都是相同的。

1. 文生图功能。此功能能够通过文字提示词生成相应的图像，其界面如图 3.1 所示。

图 3.1　文生图界面

文生图案例如下。

步骤 1：选择一个写实风格的大模型，如图 3.2 所示。

图 3.2　选择大模型

步骤 2：在正向提示词对话框输入相关描述"一只猫"，对应的英文提示词为"1 cat"，如图 3.3 所示。

步骤 3：单击生成按钮，生成图像，如图 3.4 所示。通过提示词引导，系统生成了一只猫的图像。

图 3.3   设置提示词

图 3.4   生成一只猫的图像

2. 图生图功能。此功能用于结合图像和输入的提示词派生出新的图像，其界面如图 3.5 所示。

图 3.5   图生图界面

图生图案例如下。

步骤 1：选择"麦橘写实"大模型，如图 3.6 所示。

步骤 2：输入相关描述"一个女孩"，对应的英文提示词为"a girl"，如图 3.7 所示。

图 3.6   选择大模型

图 3.7   设置提示词

步骤 3：导入一张女孩图像到图生图界面，以这张图像为生成图的参考，如图 3.8 所示。

图 3.8　导入女孩图像到图生图界面

步骤 4：选择重绘幅度选项，调整重绘幅度数值至"0.4"，如图 3.9 所示。

图 3.9　重绘"重绘幅度"

步骤 5：单击生成按钮，生成图像，图生图功能可以利用参考图像和提示词结合生成新的图像，如图 3.10 所示。

3. 后期处理功能。此功能用于提升图像分辨率，即图像放大功能。该功能可以批量处理放大图像，其界面如图 3.11 所示。

图 3.10　生成相同内容但不同风格
　　　　　的女孩图像

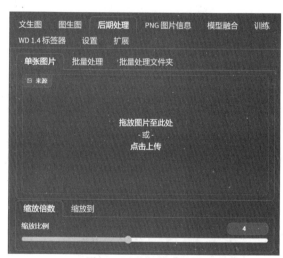

图 3.11　后期处理界面

后期处理案例如下。

步骤1：导入一张人物图像到后期处理界面，如图3.12所示。

图3.12 导入女孩图像到附加功能界面

步骤2：设置缩放比例为2（数值越大，图像放大的尺寸越大），选择放大算法为"R-ESRGAN 4x+"模式，如图3.13所示。R-ESRGAN 4x+是增强型超分辨率生成对抗网络（enhanced super-resolution generative adversarial network，ESRGAN）的一个改进版本，旨在实现实时的高分辨率图像生成。其中"R"代表"实时（Real-Time）"，4x指图像放大的倍数。

步骤3：生成图像，得到一张画面尺寸更大的图像。图像放大完成，如图3.14所示。

图3.13 放大界面

图3.14 画面尺寸放大后的女孩图像

4. 图片信息功能。此功能可以导入由Stable Diffusion生成的图像，图片信息界面会反映图像生成时的具体参数，如使用的大模型、LoRA模型以及提示词等信息，其界面如图3.15所示。

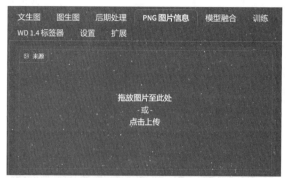

图 3.15　图像信息界面

图片信息案例如下。

步骤 1：导入图像到图片信息界面，弹出了该图像的生成信息参数，如图 3.16 所示。

图 3.16　导入女孩图像到图像信息界面

步骤 2：检查信息，弹出的信息参数中记录了正向提示词信息、反向提示词信息、迭代步数、采样方法、种子值、生成尺寸、模型以及插件的使用信息，如图 3.17 所示。

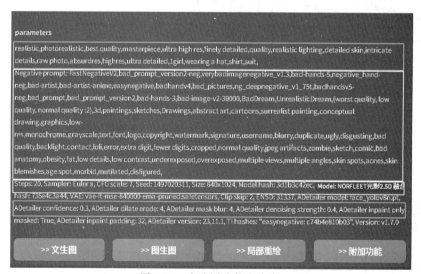

图 3.17　女孩图片信息内容

5. 模型融合功能。此功能用于模型的整合融合操作，其界面如图 3.18 所示。

模型融合案例如下。

步骤 1：进入模型融合界面，在模型 A 下拉菜单栏中选择"Counterfeit"大模型，在模型

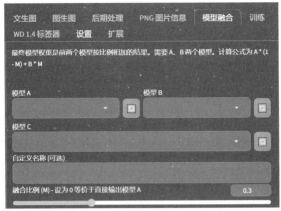

图 3.18 模型融合界面

B 下拉菜单栏中选择"麦橘写实"大模型,在模型 C 下拉菜单栏不选择任何模型,在输出模型文件名中输入"一个新的模型",这个名称代表融合后的新的模型名称。设置倍率为 0.3(倍率(M)为模型 B 所占比例),融合算法在一般情况下选择加权和,模型格式可以选择 ckpt。在"从...复制配置文件"中选择 A、B 或 C,如图 3.19 所示。

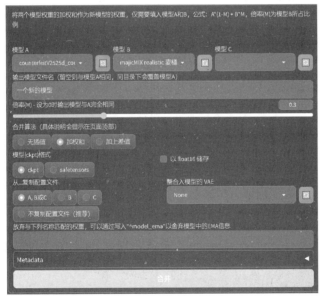

图 3.19 设置模型融合界面

步骤 2:单击融合按钮,等待合并结果,完成模型的合并后,单击大模型 刷新按钮,会在大模型下拉列表中找到新融合的模型,如图 3.20 所示。

一个新的模型.ckpt [1ee5920fe1]

图 3.20 新融合的模型

6. 训练功能。此功能是一个允许进行模型训练的功能选项卡,其界面如图 3.21 所示。

7. 图像浏览功能。此功能用于图像查阅和浏览,其界面如图 3.22 所示。

8. 模型转换功能。此功能可以将模型转换为 Checkpoint 格式,其界面如图 3.23 所示。

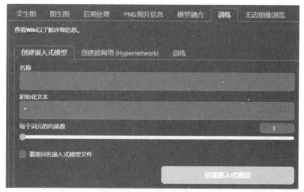

图 3.21 训练界面

图 3.22 图像浏览界面

图 3.23 模型转换界面

9. WD1.4 标签器功能。此功能是从图像反推出一些关键提示词。因为版本与翻译的不同,该功能在其他版本也被翻译为 Tagger(反推),其界面如图 3.24 所示。

WD1.4 标签器案例如下。

步骤 1：导入图片到 WD1.4 标签器界面,单击“反推”按钮开始反推,AI 会分析画面,并根据画面生成与之匹配的提示词,如图 3.25 所示。

步骤 2：检查挑选提示词,反推功能推导出的提示词是检索得到的结果,不可以直接用于生成创作,但是这一方法提高了组织与撰写提示词的效率。

10. 设置功能。此功能用于配置 Stable Diffusion 的各项设定。比如设定文生图的输出目录、图生图的输出目录等,其界面如图 3.26 所示。

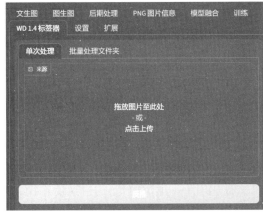

图 3.24 WD1.4 标签器界面

图 3.25 WD1.4 标签器根据图片生成的提示词

图 3.26 设置界面

11. 扩展功能。此功能主要处理插件的安装及更新,其界面如图 3.27 所示。

图 3.27 扩展界面

3.2 采样方法

Stable Diffusion 采样通过重复执行去噪过程逐步生成图像，这些图像会与文本提示进行比较。根据这一比较，算法逐渐调整添加到图像中的噪声，并不断重复此过程，直到生成的图像与文本提示的描述相符为止。

根据速度、提示解读的准确度以及最终图像质量等因素，当前推荐的采样方法主要有以下几种：Euler a、DPM++2M Karras、DPM++2S a Karras 和 DPM++SDE Karras。其中，Euler a 是默认采样器，表现出极佳的平衡性，它能使图像展现流畅的颜色过渡和边缘效果。DPM++2M Karras 多被应用于卡通渲染，其运行速度很快。DPM++2S a Karras 和 DPM++SDE Karras 则更适用于写实风格的渲染。常用的采样方法如图 3.28 所示。

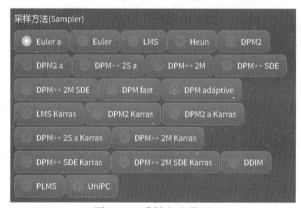

图 3.28　采样方法界面

在控制面板中，所有采样方法都会显示出来。为了界面的简洁，可以将部分不使用的采样方法隐藏起来。方法是先选择设置采样方法参数选项卡，然后在用户界面中勾选需要隐藏的采样方法。完成上述步骤后，重新启动 Stable Diffusion，就可以看到修改后的界面。

3.3 迭代步数

Stable Diffusion 是一种独特的图像生成技术，它从一个充满噪点的画布开始，采用逐步的去噪过程，以实现最优的图像效果。去噪过程的次数，也就是采样迭代步数（Steps）参数，是控制这一过程的关键。通常，去噪步骤越多，产生的图像质量越高。然而，在大多数情况下，Steps 的默认值是 20，根据实践经验，这个步数已经足够生成各种类型的图像，无论是风景、肖像还是抽象图案，都能得到满意的结果。图 3.29 为采样迭代步数界面。

图 3.29　采样迭代步数（Steps）参数界面

3.4 生成批次与每批数量

在图像生成过程中,生成批次和每批数量是两个关键的概念。这两个参数可以设置一次性生成多少张图像,并决定每次单击生成按钮时系统将要制作的图像总数量。通过将总批次数与每批数量相乘可以得知这个总数。

如果想在相同的总图像数量下让生成速度更快些,可以考虑增加每批数量。这样可以更有效地利用显卡的计算资源,节省时间。但过高的每批数量可能使显存超出负荷,导致图像生成失败。

相反,如果调高生成批次的次数,虽然可能使生成速度减慢,却能避免显存超负荷的风险。毕竟,只要时间充足,增加生成批次就能不断生成图像,直到所有的输出都完成。因此,调整这两个参数的策略,其实就是在空间(显存)和时间之间作选择,是典型的以空间换时间或以时间换空间的例证。

综上所述,可以通过调整生成批次和每批数量在速度与显存之间找到最佳平衡,在确保图像生成成功的同时提高图像生成效率。图 3.30 为生成批次与每批数量界面。

图 3.30 生成批次与每批数量界面

3.5 输出分辨率

Stable Diffusion 的图像分辨率关乎图像内容的构成和细节的展现。具体来说,画幅大小决定了画面的信息量。大的画面尺寸有足够空间表现构图中的各种细节,比如脸部、饰品、复杂的纹样等。而如果画幅太小,就无法充分展示这些细节。

随着画面尺寸的扩大,AI 模型也更倾向于在图像中塞入更多的内容。一般而言,大部分的 Stable Diffusion 模型在 512×512 像素下进行训练,未来,在 768×768 像素下进行训练将变得常规化。因此,当输出尺寸较大时,比如 1024×1024 像素,AI 会试图在图像中嵌入 2~3 幅图像的内容,这可能会导致出现人物肢体拼接、多角度等问题。因此,如果需要较大的画面尺寸,就需要提供更多的提示词,以给 AI 一个清晰的指示。而如果提示词较少,可以选择先生成较小的图像,再通过附加功能将其放大。

画幅或分辨率的设置,牵涉图像的细节表现和内容呈现,应根据实际需要和模型的训练情况综合决定。最后的输出分辨率与计算机性能息息相关,如果超过计算机运算能力上限的图像尺寸,会导致生成失败。图 3.31 为生成画面尺寸设置界面。

图 3.31 生成画面尺寸界面

3.6 种子的概念

种子分为"随机种子"和"固定种子值"。"随机种子"代表初始随机噪声，不同的随机种子将生成不同的图像。同时，Stable Diffusion 提供了一个选项设置种子值为"−1"，这表示Stable Diffusion 环境中可以选择任何一个随机值作为初始种子。这就好比在照片上施加不同的滤镜，每个滤镜都会产生独特的视觉效果。改变随机种子，实质上是在探索一种无限的艺术可能性。"固定种子值"的原理是使随机数生成器的输出在多次运行中保持不变，这可以使每次生成的图像在一定程度上具有相似性。图 3.32 为种子界面。

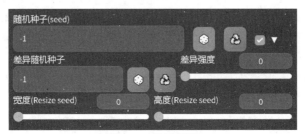

图 3.32　种子界面

提示：按钮代表固定种子值。

3.7 高清修复功能

高清修复则用于增加图像分辨率，以显著提高图像的清晰度。然而，由于显存和显卡型号的限制，直接通过高清修复生成的高分辨率图像（如 2048×2048 像素）可能导致显卡崩溃。因此，使用此功能时应根据显存配置调整。如果需要放大图像的分辨率，建议根据实际配置谨慎操作，以确保系统的稳定性和图像的高质量输出。

勾选高清修复选项后，系统会弹出一个新的面板。这里需要根据需求选择放大算法。如果生成的图像偏向写实效果，建议选择"R-ESRGAN 4X＋"模式，如果生成的图像偏向二次元效果，建议选择"R-ESRGAn4x＋Anime6B"模式的放大算法。其他参数通常可以使用默认设置。图 3.33 为高清修复界面。

图 3.33　高清修复界面

3.8 生成图像的保存、下载、转绘以及后期处理

输出图像框下方有多种图标按钮，它们具有重要的实用价值，能够对图像进行有效的管理和操作。如图 3.34 所示，它们包括"打开图像输出目录""保存图像到指定目录""保存包含图像的 ZIP 文件到指定目录""发送图像和生成参数到图生图""发送图像和生成参数到图生图局部重绘"以及"发送图像和生成参数到后期处理"。

"打开图像输出目录"按钮(图 3.34 中①)用于打开存放图像的目录,方便用户快速访问生成的图像文件。"保存图像到指定目录"按钮(图 3.34 中②)用于保存当前的工作成果,即不仅将图像写入预定的目录,还将生成的参数数据保存至 CSV 文件中,以便后续的分析和记录。"保存包含图像的 ZIP 文件到指定目录"按钮(图 3.34 中③)不仅可以压缩并保存文件,还进行文件的下载和传输,提升了文件管理的便利性。

此外,"发送图像和生成参数到图生图"按钮(图 3.34 中④)可以立即将图像和提示词发送到"图生图"界面。而"发送图像和生成参数到图生图局部重绘"按钮(图 3.34 中⑤)则用于将图像和提示词发送到"局部重绘"界面进行修改,使用户能够对图像局部进行更精细的调整。最后,"发送图像和生成参数到后期处理"按钮(图 3.34 中⑥)则是将图像和提示词发送到"后期处理"选项卡,以进一步放大图像分辨率,提升图像的清晰度和细节表现。这些功能按钮提供了全面且高效的图像管理和处理手段,确保各个操作步骤的顺畅和高效。

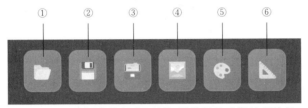

图 3.34　生成图像的保存、下载、转绘以及后期处理按钮

3.9　提示词控制区

在提示词控制区内,位于生成按钮下方的按钮控制选项如图 3.35 所示。它们提供了多种功能,便于用户对提示词进行管理和操作。以下是详细说明。

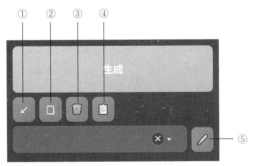

图 3.35　提示词控制区

"从提示词或上次生成的图片中读取生成参数"按钮(图 3.35 中①)的功能是从提示词中自动提取生成参数。如果当前提示词为空,它将从上次的生成信息中读取参数。该按钮允许用户将包含正面、负面、采样器、步数、模型等信息的整段生成信息全部粘贴到提示词区域,单击后会自动将对应信息填入相应位置,并删除多余内容。

"从提示词或上次生成的图片中读取生成参数(对话框)"按钮(图 3.35 中②)的功能类似前者,但会弹出对话框,让用户设置更多的选项。

"清空提示词内容"按钮(图 3.35 中③)用于迅速清空当前提示词区域的所有内容,方便用户重新输入新的提示词或进行其他操作。

"将所有当前选择的预设样式添加到提示词中"按钮(图 3.35 中④)则用于将用户当前选择的所有预设样式快速添加到提示词中,避免手动添加的烦琐操作,提高工作效率。

"编辑预设样式"按钮(图 3.35 中⑤)提供了一个界面,允许用户对已有的预设样式进行编辑和管理。通过该功能,用户可以根据不同的需求创建、修改或删除预设样式,更好地控制生成图像的风格和细节。这些功能按钮提供了便捷和高效的提示词管理方法,确保生成过程的顺畅和高效。

从提示词或上次生成的图片中读取生成参数的案例如下。

步骤 1:导入一张 Stable Diffusion 生成的图像进入图片信息面板中,如图 3.36 所示。

图 3.36　图片信息面板

步骤 2:复制并粘贴生成数据到文生图界面正向提示词对话框,如图 3.37 所示。

图 3.37　复制图像全部信息到提示词对话框

步骤 3:单击 ■ 按钮,自动提取生成参数,如图 3.38 所示。

步骤 4:检查生成参数,在实际使用过程中,该功能可以还原生成参数,但并不能百分之百还原之前的生成过程。例如,生成数据中使用了 ControlNet 插件,该功能可以还原插件的参数设置,但不能导入参考图片,ADetailer 插件也不会自动开启,这些都需要手动再次调整。

编辑预设样式案例如下。

步骤 1:输入要保存的提示词,并给提示词组合起一个名字,如图 3.39 所示。

步骤 2:单击"保存"按钮。完成提示词预设存储,切换到文生图界面,新的提示词预设就出现在下拉列表中,如图 3.40 所示。通过这种方式可以预先保存常用的质量提示词组

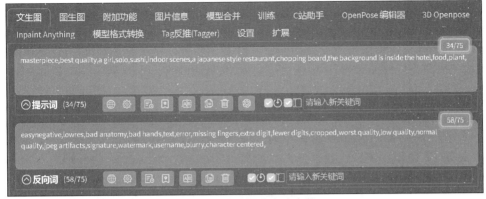

图 3.38 自动提取生成参数

图 3.39 提示词预设面板

合、反向提示词组合,提高撰写提示词的效率。

图 3.40 预设提示词

3.10 脚本

文生图界面与图生图界面都有脚本选项,不同的是图生图界面的脚本选项功能更多一些。下面主要讲解脚本中的提示词矩阵、从文本框或文件载入提示词、$X/Y/Z$ 图表以及 Ultimate SD upscale 图像放大功能。

3.10.1 提示词矩阵功能

提示词矩阵是一个在 Stable Diffusion 中生成图片效果检测的工具，它根据提供的提示词（即描述图片内容的提示词）来创建对比图像，其界面如图 3.41 所示。

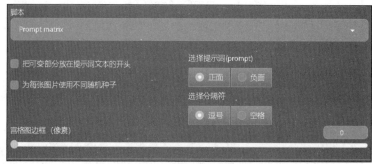

图 3.41 提示词矩阵界面

提示词矩阵由基础提示词和变化提示词两部分组成。基础提示词是每张图片都包含的固定内容，它们位于第一个竖线(|)之前。变化提示词则位于第一个竖线(|)之后，并且它们通过竖线(|)分隔。基础提示词和变化提示词共同构成了提示词矩阵，既包含恒定的元素，又具有一定的灵活性。这种结构可以精准地描述图片内容，同时保留一定的多样性和变化性。

提示词矩阵案例如下。

步骤 1：输入提示词矩阵：a man | blonde hair | black clothes。

步骤 2：生成图像，提示词矩阵一次生成了 4 张图像。通过观察这些生成图像发现，图 3.42 只包含基础提示词（一个男人）。图 3.43 包含基础提示词和第一个变化提示词（一个男人，金色头发）。图 3.44 包含基础提示词和第二个变化提示词（一个男人，黑色衣服）。图 3.45 则包含基础提示词及所有变化提示词（一个男人，金色头发，黑色衣服）。生成结果如图 3.42、图 3.43、图 3.44 和图 3.45 所示。

图 3.42 一个男人图像　　　　　图 3.43 金发男人图像

通过该案例，可以清晰地看到基础提示词和变化提示词是如何组合，通过不同的变化提示词来生成不同的图像描述的。这种矩阵形式使得描述既能保持一定的固定内容，又能灵活地添加变化元素，从而生成多样化的图像内容。

图 3.44　黑衣服的男人图像

图 3.45　黑衣服的金发男人图像

提示词矩阵的调节选项包含多方面内容,首先是可变部分的位置与权重的调节选项。如果选择将可变部分放在提示词文本的开头,这些词会在生成的图片中更加突出。因为越靠前的提示词在生成过程中权重越高,能够显著影响图片的主要特征。其次是随机种子的应用选项。如果勾选此选项,提示词矩阵中的每张图片都会使用一个不同的随机种子。这保证了每张生成图片的独特性,避免了图片的雷同。第三项是选择提示词选项。用户可以决定是对正面提示词文本框还是负面提示词文本框使用提示词矩阵脚本。这一选项允许用户根据需求调整生成图片的情感基调。第四项是选择分隔符选项。用户可以选择用逗号还是空格来连接可变提示词。这会影响生成图片时各个提示词之间的关系,从而影响图像的具体表现形式。最后是宫格图边框选项。它决定了生成的宫格对比图中各个图片之间的间隔大小。数值越大,图片之间的间隔越宽,从而影响整体视觉效果。通过这些调节选项,用户可以灵活地调整提示词矩阵的各个属性,以生成符合需求的图像内容。

3.10.2　从文本框或文件载入提示词功能

在 Stable Diffusion 中,用户可以通过特定的脚本从文本框或文件批量导入参数,以生成图片。这些参数不仅描述了图像的内容,还囊括了生成图像所需的各种详细设置。可以通过双线(--)引导每个参数名称,紧跟其后的是相应的数值。例如,用--steps 20 可以设定生成步骤的数量为 20 步;而--restore_faces true 则用于开启面部恢复功能,若未明确设置此参数,默认状态为不开启该功能。对于字符串类型的数值,应当用英文双引号括起来,以确保正确解析。参数之间必须用英文空格分隔,这样脚本才能正确解析每个设置。在这个过程中,每一行的参数组合代表一组独立的设置。

从文本框或文件载入提示词的案例如下。

步骤 1:输入两组提示词进入文本框中,如图 3.46 所示。第一组参数:--prompt "a young girl, holding a sunflower, green dress" --steps 20。该参数请求以迭代步数为"20"步生成一张描述年轻女孩持有向日葵、穿着绿色连衣裙的图像。第二组参数:--prompt "a boy with a skateboard, red cap, denim jacket" --steps 20。此参数旨在以迭代步数为"20"步生成一张拿着滑板、戴红色帽子、穿牛仔夹克的男孩的图像。

步骤 2:根据上述输入的参数,Stable Diffusion 将生成两张图像。第一张图像将呈现一个手持向日葵的穿绿色连衣裙的年轻女孩,如图 3.47 所示。第二张图像将呈现一个拿着滑板、戴红色帽子、穿牛仔夹克的男孩,如图 3.48 所示。采用这种方式,可以方便地批量生

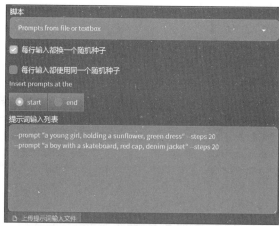

图 3.46　从文本框或文件载入提示词界面

成图像,而不需要手动更改每一张图片像的参数。

图 3.47　手持向日葵的女孩

图 3.48　戴红色帽子的男孩

3.10.3　X/Y/Z 图表功能

X/Y/Z 图表是一种用于展示数据对比的可视化工具,其界面如图 3.49 所示。

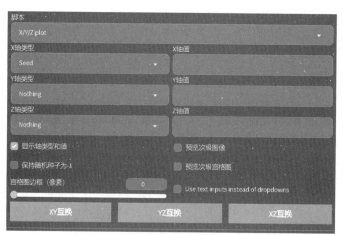

图 3.49　X/Y/Z 图表界面

在 $X/Y/Z$ 图表中，X 轴用于展示水平方向上的数据，Y 轴用于展示垂直方向上的数据，而 Z 轴则通过结合 X 轴和 Y 轴的数据生成按照分组展示的图表。图表会默认显示每个轴的类型和值，以便用户能够明确地进行数据对比。通过这种方式，用户可以更直观地理解数据的分布和关系。

在图表生成时，保持随机种子为"−1"意味着每次生成的图像都会使用不同的随机种子，以确保图像的多样性。如果指定了一个具体的随机种子，那么每次生成的图像一致，则上述的随机性设置将不再生效。用户还可以选择是否勾选"预览子图像"选项。如果不勾选，则只生成一张包含所有对比的总图。勾选后，除了生成总图外，还会单独展示每个用于对比的子图像，便于详细查看各个子图像的细节。

此外，宫格图边框参数用于调整宫格图中各个图像间的间隔。数值越大，图像之间的间隔就越宽。调整此参数，可以根据需要设置图像之间的间隔，以获得最佳的视觉效果。通过以上内容可以全面了解 $X/Y/Z$ 图表的各项功能及其设置方法。这不仅提高了图表的可读性和可操作性，还提供了更灵活的图表生成和展示方式。

$X/Y/Z$ 图表案例如下。

步骤 1：进入文生图界面下的脚本，选择 $X/Y/Z$ 图表进行设置。分别设置 X 轴、Y 轴和 Z 轴的参数。其中，X 轴用于测试迭代步数，分别设置为"20"步、"30"步和"40"步；Y 轴用于测试采样方法，分别选择"DPM++SDEKarras""Euler a"和"DPM++ 2M Karras"采样方法；Z 轴用于测试"Clip skip"。"Clip skip"指语言与图像的对比预训练，可以概括理解为提示词与图像的关联程度。分别设置数值为"2""5"和"10"，如图 3.50 所示。

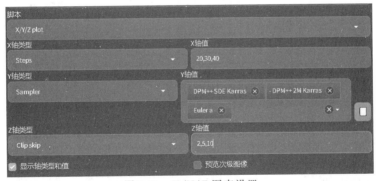

图 3.50　$X/Y/Z$ 图表设置

步骤 2：选择 majicMIX realistic 麦橘写实大模型，并设置提示词内容与生成尺寸。生成参数分析图像，如图 3.51 所示。

经过分析 $X/Y/Z$ 图表，能够确定语言与图像的对比预训练(clip skip)参数的最优取值以及最有效的采样方法和最合适的迭代步数。通过 $X/Y/Z$ 图表功能，可以更直观地比较不同数据集的关系和差异。

3.10.4　Ultimate SD upscale 图像放大功能

Ultimate SD upscale 是一个用于图像放大的插件，安装步骤如下。首先，打开 WebUI（Web 用户界面）的扩展选项卡。单击"可用"按钮，然后单击加载按钮，以显示所有可用的扩展插件。接着，在搜索栏中输入 Ultimate，以找到 Ultimate upscale 插件。单击"安装"按

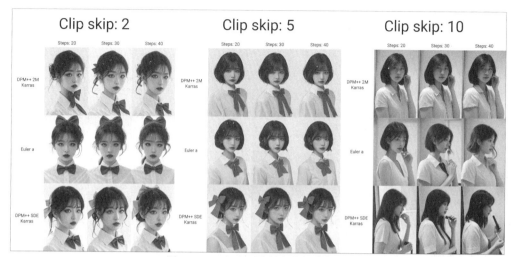

图 3.51　X/Y/Z 图表生成的分析图

钮进行安装。安装完成后,为确保插件正确加载,需重启 WebUI。这样就顺利安装了 Ultimate SD upscale 插件,实现对图像的高质量放大。

在图生图界面的脚本选项中选择 Ultimate SD upscale,可以看到插件的界面,如图 3.52 所示。

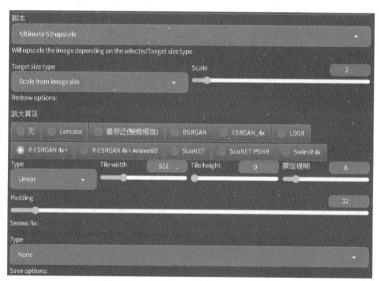

图 3.52　Ultimate SD upscale 界面

Ultimate SD upscale 提供了多种调节选项,以优化图像放大效果。目标尺寸类型参数用于调整输出图像的尺寸,有 3 个选项。首先是"从图到图设置"(from image to image setting),此选项使用宽度和长度的滑块设置,默认最大尺寸为 2048 像素。其次是"自定义尺寸"(custom size),此选项可以设置具体的宽度和高度,最大可设为 8192 像素。最后是"根据图像尺寸缩放"(scale for image size),该选项保持原图像的宽高比,通过缩放系数调整。

"放大算法"选项用于选择不同的放大算法,以优化图像放大效果。用户可以根据具体需求选择合适的算法,以获得最佳图像质量。

"重绘类型"设置重绘图像的方式,有"线性""分块(棋盘格)"和"禁用"3个选项。线性模式按顺序处理每一个分块,而分块(棋盘格)模式则按照棋盘格图案处理每一个分块,减少伪影。禁用模式则不进行重绘,可能会在接缝处看到不连贯的效果。

"分块宽度和高度"选项用于设置处理图像的分块大小。分块越大,处理速度越快,伪影越少。填充选项在处理时会考虑相邻分块的像素数量,从而影响接缝处的平滑度。

"蒙版模糊度"用于设置分块重绘时使用的蒙版模糊度,这有助于平滑边缘。接缝修复选项决定是否启用接缝修复功能,以消除可见的网格状伪影。有4个选项可供选择:"带状通道"(band pass)、"只在接缝处处理"、"覆盖周围小区域"、"半分块偏移通道"(half tile offset pass)。在行和列上使用蒙版,覆盖面积更大,效果也更好,但耗时更长。半分块通道加交点通道(half tile offset + intersection pass)对交点进行额外修复。无(None)为禁用接缝修复,为默认选项。

"保存选项"包括"放大"(upscaled)和"接缝修复"(seams fix)。"放大"选项用于保存放大后的图像,默认启用。如果开启"接缝修复"功能,需要选中"接缝修复"选项,这样系统会返回两张图片,一张是未修复的,另一张是修复后的。

在通常情况下,推荐不启用接缝修复,并使用分块模式进行分块。分块大小建议设置为放大图像短边像素的一半左右。通过以上内容,用户可以详细了解 Ultimate SD Upscale 插件的各项调节选项,并根据需要设置,以获得最佳的图像放大效果。

3.11 综合实践:人物场景案例

Stable Diffusion 文生图工作流程案例如下。

步骤1:打开 WebUI,加载大模型,如图3.53所示。

图3.53 加载大模型以及 VAE 模型

步骤2:输入正向提示词,指导模型生成与提示词相关的图像。提示词应尽可能准确地描述想要生成的图像内容。提示词为"一个女孩,全身,长头发,走在街道上,高领毛衣,商业街,商店,食品,植物,全景,最好的质量"。这段提示词对应的英文提示词为"a girl, whole body, long hair, walk on the street, turtleneck sweater, commercial street, shop, food, plant, panorama, the best quality"。

步骤3:设置采样方法为"Euler a",设置采样迭代步数为"20"步,如图3.54所示。

步骤4:设置宽高尺寸(画面生成的大小),图像的生成尺寸设置为512×768像素。设置生成批次为"1"批,每批数量为"1"张,如图3.55所示。

步骤5:单击"生成"按钮,生成一张女孩的图像,如图3.56所示。

步骤6:设置高清修复,选择放大算法为 R-ESRGAN 4x+模式,选择重绘幅度数值为

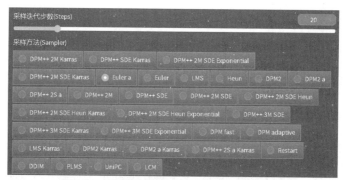

图 3.54　设置采样方法与采样迭代步数界面

图 3.55　设置生成尺寸、生成批次和每批生成数量界面

图 3.56　街道上的女孩图像

"0.7",如图 3.57 所示。

图 3.57　高清修复界面

步骤 7：单击 固定种子值按钮,保持图像的生成一致性,如图 3.58 所示。

图 3.58　固定种子值设置

步骤8：单击"生成"按钮，生成图像，检查生成结果，得到了尺寸更大、精度更高的效果图，如图3.59所示。

图3.59 高清效果的街道上的女孩

生成图像后，需要评估图像质量，并根据反馈进行优化。基于评估的结果，选择保存图像或调整提示词和生成参数，并重新生成图像。

3.12 本章小结

本章详细探讨了Stable Diffusion的基本操作，包括安装方法、界面布局及工作流程。通过本章的学习，读者将具备使用Stable Diffusion创建AI艺术作品的初步技能。

第 4 章

文生图功能

本章学习要点：

- 掌握 Stable Diffusion 正向提示词的编写方法。
- 理解 Stable Diffusion 提示词的逻辑结构。
- 学习通过调整提示词权重影响图像生成结果。
- 学习使用反向提示词排除不希望出现的元素。
- 掌握不同提示词类型的作用和应用场景。

4.1 提示词的类型与编写方法

文生图是 Stable Diffusion 最常用的图像生成模式，它可以通过文字描述生成各种图像。目前，Stable Diffusion 主要支持英文提示词。可以借助翻译工具将中文翻译为英文，也可以安装翻译插件来解决中英文互译的问题。本书中的所有案例均搭配了英文提示词，读者可以根据需求参考生成图像。在 Stable Diffusion 中，前面的提示词会得到更多的权重，其次是末尾的提示词，中间的提示词的权重比较小。如果提示词很多，Stable Diffusion 会忽略中间的一些提示词来减少计算量。图 4.1 为文生图界面的正向提示词与反向提示词界面。

图 4.1　文生图界面提示词对话框

4.1.1　正向提示词

在 Stable Diffusion WebUI 中，有分别用于输入正向提示词和反向提示词的两个输入框。正向提示词是指用于生成图像的文字描述。例如，输入的正向提示词为"仙人掌，绿色，沙漠",对应的英文提示词为"cactus，green，desert",生成效果如图 4.2 所示。

图 4.2　沙漠中的仙人掌

为了使 Stable Diffusion 更好地理解人们的意图,需要提供清晰而明确的提示词描述画面。利用 ChatGPT 等辅助工具来编写提示词,并在完成后提取提示词,可以简化描述,并更清晰地表达人们的意图。使用模糊的形容词或不明确的表达可能会降低生成图像的准确性。

4.1.2　反向提示词

反向提示词是指使用 Stable Diffusion 进行图像生成时,要避免出现在生成图像中的元素描述。例如,在图 4.2 沙漠仙人掌图像中,画面的远景出现了一些类似签名和数字的图像,如果生成图像时不希望出现这些内容,就可以将"签名、数字"这些词输入反向提示词输入框。对应的英文提示词为"signature，number"。输入这些反向提示词后再次生成 4 批图像,生成的图像再也没有出现类似图 4.2 中的签名和数字图形,如图 4.3 所示。

图 4.3　添加反向提示词后生成的沙漠仙人掌图像

登录 Civitai 网站或其他开源的图像生成艺术网站,如果看到一幅喜欢的作品,可以通过查询详细信息来了解作品的提示词。其中,Prompt 表示正向提示词,Negative Prompt 表示反向提示词。了解这些提示词的同时也能看到采样器、模型、提示词引导系数、随机种子等参数。可以尝试用相同的数据进行生成练习,也可以在其他模型中测试这些提示词,有时会得到意想不到的效果。随着 AI 绘画的普及,交流平台增多,在开放的学习环境下,可以在多个网站上展示作品,并学习提示词。可以观看 Midjourney 等 AI 作品的关键提示词,并尝试将其应用在 Stable Diffusion 上进行探索,图 4.4 为 Civitai 网站。

图 4.4　Civitai 网站

4.1.3　提示词的编写逻辑与方法

创作高质量的作品时,首先要描写画面质量与画面风格。这是为了确保图片的整体质量和艺术风格符合预期,奠定作品的基础。接下来描写主体。这一步骤应详细描述画面的主体,包括构图元素,以突出作品的核心主题和视觉焦点。然后描述背景。这一步骤需要描绘周边的环境、光源等因素,以丰富画面的层次感和空间感。最后描述细节。这一步骤涉及对特征及环境细节的描述,通过丰富的细节处理增强作品的视觉效果和深度感。

撰写提示词时,还有几个重要原则需要注意。首先,提示词应具体详尽。在艺术创作中,细节处理往往是区分优秀作品与平庸作品的关键。丰富的细节能够显著增强作品的视觉效果与深度感,使画面更加生动和具有吸引力。通过具体的描述,提示词不仅可以指导创作过程,还可以帮助创作者更好地传达艺术构思。因此,撰写提示词时,应尽可能详细地描述每一个元素和细节,以确保最终的作品能够达到预期的效果,并展现出独特的艺术魅力。

提示词案例一如下。

步骤 1:输入的正向提示词为"(杰作:1.2,最好的质量),没有人,商业街,商店,完美的构图,美丽,色彩,繁忙,购物,目的地,商品的多样性,手工艺品,时尚,消费文化,展示设计,美学建筑,生活氛围,临街咖啡馆,咖啡的香味,糕点,特色餐厅,美食,购物者的天堂,旅游景点"。对应的英文提示词为"(masterpiece:1.2, best quality), no one, commercial street, shops, perfect composition, beauty, color, busyness, shopping, destination, diversity of products, handicrafts, fashion, consumer culture, display design, aesthetic architecture, living atmosphere, street facing café, aroma of coffee, pastries, specialty restaurants, cuisine, shoppers' paradise, tourist attractions"。输入的反向提示词为"(最差质量,低质量:1.4),容易产生负面的结果,水印,签名,数字"。对应的英文提示词为"(worst quality, low quality:1.4), easynegative, watermark, signature, digital"。

步骤 2:生成图像,效果如图 4.5 所示。

反向提示词中的 easynegative 是目前使用率极高的一个负面提示词,中文为"容易产生负面的结果",它可以有效提升画面的精细度,尤其是画面中出现人物的时候。可以降低人物生成错误的比率。

具体的描述词在艺术创作中至关重要,它们能够帮助创作者生成符合预期的画面。提示词不仅可以精确地传达创作者的意图,还能够指导图像生成过程中的每一个细节。通过具体详尽的提示词,创作者能更好地控制作品的各项属性,从而创作出高质量的艺术作品。

图 4.5 商业街

提示词案例二如下。

步骤 1：输入的正向提示词为"（杰作：1.2，最佳质量），户外，冬天，树，雪，天空，风景，没有人，云，地面车辆，房子，自然，松树，汽车，森林，雪花飘落，树木被厚厚的雪覆盖，具有对比鲜明的黄色和蓝色调"。对应的英文提示词为"（masterpiece：1.2，best quality），Outdoor，winter，trees，snow，sky，scenery，no people，clouds，ground vehicles，houses，nature，pines，cars，forests，snowflakes falling，trees covered with thick snow，with contrasting yellow and blue tones"。输入的反向提示词为"（最差质量，低质量：1.4），容易产生负面的结果，水印，签名，数字"。对应的英文提示词为"（worst quality，low quality：1.4），easynegative，watermark，signature，digital"。

步骤 2：生成效果如图 4.6 所示，生成了符合提示词描述的冬天场景。

图 4.6 冬天场景

选择提示词时，加入"高清""细腻"等描述词，都可以引导 AI 生成更精良的作品。例如，创作一幅作品时，提示词可以为"杰作""超精细"等，这样生成的作品更接近高质量。当然，一幅作品的高质量与画布尺寸、大模型以及微调模型等因素息息相关，并不完全因为画面提示词而产生直观效果。

提示词案例三如下。

步骤 1：输入的正向提示词为"杰作，最好的质量，一个女孩，学生，单独，图书馆，植物，书籍，书架，日落，窗帘，横向写作"。对应的英文提示词为"masterpiece，best quality，one girl，student，solo，library，plants，books，bookshelves，sunset，curtains，horizontal writing"。输入的反向提示词为"容易产生负面的结果，低分辨率，解剖结构不好，手不好，文本，错误，手指缺失，多余的数字，较少的数字，裁剪，最差质量，低质量，jpeg伪影，签名，水印，用户名，模糊"。对应的英文提示词为"easynegative，low resolution，poor anatomical structure，poor hands，text，errors，missing fingers，extra numbers，fewer numbers，cropping，worst quality，low quality，jpeg artifacts，signature，watermark，username，blurry"。

步骤2：生成图像。如图4.7所示，生成了一张读书的女孩图像，且画面质量相对较好。

图4.7　读书的女孩图像

4.2　提示词的策略与技巧

4.2.1　风格特征

画面的风格在生成创作中是十分重要的。一般画面的风格与创作的媒介、美术风格、地域划分和大师风格等诸多因素有关，常用的画面风格控制提示词如表4.1所示。

表4.1　画面风格常用提示词

水彩风格/watercolor	漫画/comic	超现实风格/surreal
平涂风格/flat color	插画/illustration	OC渲染/octane render
马克笔风格/marker	像素风/pixel art	浮世绘/ukiyo-e
水粉画风格/gouache	科幻风格/science fiction	Q版/chibi

风格提示词案例一如下。

步骤1：输入的正向提示词为"8K，代表作，高度细致，质量最高，（水彩素描：1.3），（水墨素描：1.3），秋天"。对应的英文提示词为"8k，masterpiece，highly detailed，highest quality，（watercolor sketch：1.3），（ink sketch：1.3），autumn"。

步骤2：生成图像。生成了水彩风格的秋天场景，如图4.8所示。

图 4.8　水彩风格的秋天场景

风格提示词案例二如下。

步骤 1：输入的正向提示词为"杰作,高度细致,最高质量,油画,日本秋景,秋景,古典主义"。对应的英文提示词为"masterpiece, highly detailed, of the highest quality, oil painting, japanese autumn scenery, autumn scenery, classicism"。输入的反向提示词为"容易产生负面的结果,低分辨率,文本,错误,多余的数字,更少的数字,裁剪的,最差质量,低质量,jpeg 伪影,签名,水印,用户名,模糊,低清晰度"。对应的英文提示词为"easynegative, low resolution, text, errors, extra numbers, fewer numbers, cropped, worst quality, low quality, jpeg artifacts, signatures, watermarks, usernames, blurry, low clarity"。

步骤 2：生成图像,效果如图 4.9 所示,加入了地域限定词,就会产生相关的图像,生成具有日本地域特点的秋天场景图。

图 4.9　加入地域提示词后的生成效果

4.2.2　主题描述

画面的主题包括主体和环境两个方面。主体可以是生物(如人、动物等),也可以是实物(如食物、建筑等)。以人物描述为例,可以描述人物的具体外表、表情神态、服装、动作等。例如上衣,可以有毛衣、背心、短袖 T 恤、运动衫等等。明确的主题描述词可以帮助 AI 更准确地生成画面。

主题描述提示词案例一如下。

步骤1:输入的正向提示词为"杰作,高度细致,女孩,独唱,刘海,穿着紫色连帽衫,运动裤,运动鞋,手叉腰,全身"。对应的英文提示词为"masterpiece, highly detailed, girl, solo, bangs, wearing purple hooded shirt, sports pants, sports shoes, hands akimbo, full body"。输入的反向提示词为"容易产生负面的结果,低分辨率,解剖结构不好,手结构错误,文本,错误,丢失的手指,多余的数字,更少的数字,裁剪的,最差质量,低质量,jpeg伪影,签名,水印,用户名,模糊,低清晰度,丢失的手,多余的手指,更少的手指,裁剪的"。对应的英文提示词为"easynegative, low resolution, poor anatomical structure, hand structure errors, text, errors, missing fingers, extra numbers, fewer numbers, cropped, worst quality, low quality, jpeg artifacts, signatures, watermarks, usernames, blurring, low clarity, missing hands, extra fingers, fewer fingers, cropped"。

步骤2:生成图像,效果如图4.10所示,明确的主题提示词帮助AI产生了明确的图像结果,产生了穿运动服的女孩图像。

图4.10　穿运动服的女孩

表4.2总结了创作中常用的服装名称及其英文提示词名称。

表4.2　常用服饰提示词

汉服/hanfu	铠甲/armor	短裙/microskirt
分层裙/layered skirt	现代洛丽塔/lolita fashion	哥特式洛丽塔/gothic lolita
宇航服/space suit	运动服/sportswear	背心/tank top
旗袍/cheongsam	睡衣/pajamas	连帽卫衣/hoodie
夹克/jacket	披肩/shawl	开襟衫/cardigan
纱笼/sarong	披风/cloak	卡佛坦长袍/caftan
毛衣/sweater	泳衣/swimsuit	连身裤/playsuit
衬裙/petticoat	马甲/waistcoat	和服/kimono

在写作提示词过程中,需要描述物体的名称、形状、颜色、材质等特性。

主题描述提示词案例二如下。

步骤 1:输入的正向提示词为"苹果、红色、带着叶子"。对应的英文提示词为"apples,red,with leaves"。

步骤 2:生成一张有苹果图像的画面,由于没有对背景画面的描述,背景由模型随机生成,效果如图 4.11 所示。

图 4.11　苹果图像

在写作提示词过程中,也需要表述空间环境。描述的主题可以是空间,也可以是主体所处的环境背景。在图 4.11 中,提示词只描述了主体,背景空间就由 AI 随机生成。

环境描述提示词案例一如下。

步骤 1:输入的正向提示词为"8K,杰作,高度详细,最高质量,一个女孩,戴着耳机,短发,运动服,跑步,沙滩,棕榈树,海边"。对应的英文提示词为"8k,masterpiece,highly detailed,highest quality,a girl,with headphones,short hair,gym uniform,running,beach,palm tree,by the sea"。输入的反向提示词为"容易产生负面的结果,低分辨率,解剖结构不好,手结构错误,文本,错误,丢失的手指,多余的数字,更少的数字,裁剪的,最差质量,低质量,jpeg 伪影,签名,水印,用户名,模糊,低清晰度,丢失的手,多余的手指,更少的手指,裁剪的"。对应的英文提示词为"easynegative,low resolution,poor anatomical structure,hand structure errors,text,errors,missing fingers,extra numbers,fewer numbers,cropped,worst quality,low quality,jpeg artifacts,signatures,watermarks,usernames,blurring,low clarity,missing hands,extra fingers,fewer fingers,cropped"。

步骤 2:生成图像,效果如图 4.12 所示。背景图像被提示词固定在了相应的环境当中,生成了在海滩跑步的女孩图像。

如果要生成颜色单一的简单背景画面,可以在提示词中加入"简单背景,白色背景",生成后的图像大概率会有一个比较简洁的背景。

环境描述提示词案例二如下。

步骤 1:输入的正向提示词为"一个女孩,单独,长发,棉服,简单背景,空白背景"。对应的英文提示词为"a girl,solo,long hair,cotton padded jacket,simple background,blank background"。

步骤 2:生成图像,效果如图 4.13 所示。得到了一张单色背景的女孩图像。

图 4.12　在海滩跑步的女孩图像

图 4.13　单色背景的少女图像

4.2.3　画面构成

了解画面构成语言对于生成图像至关重要。下面介绍画面构图、拍摄视角、镜头焦距、色彩、光影等概念。

构图方式可以通过相关的提示词明确，例如落叶在画面左下角，使用三分法构图等具体描述。此外，分辨率设置也直接影响构图方式，如在风景画面中，宽屏图像更适合展现大自然的广阔视野，横向图像更适合展现海滩或森林，竖向图像更适合展示高楼大厦等。表4.3为常用构图提示词。

表 4.3　常用构图提示词

对称构图/ Symmetricalcomposition	水平线构图/ Horizontalcomposition
对角线构图/ Diagonalcomposition	遮挡构图/ Blockingcomposition
散点构图/ Scatteredcomposition	仰拍构图/ Upward shootingcomposition
线条构图/ Linecomposition	对比构图/ Framecomposition
俯拍构图/ Top shotcomposition	架构式构图/ Architecturalcomposition

视角主要解决画面的角度问题。可以根据需求选择正面、侧面、俯视、仰视甚至背对镜头。例如，可以让人物俯视，或者让鸟儿从树上俯视下面的景物。表4.4为常用视角提示词。

表 4.4　常用视角提示词

自由视角 /Free camera	肩膀视角 /Over the shoulder	微距视角/ Macro lens
特写/Close-up	中景/Medium shots	远景/Long shot
松散景/ Loose shot	膝盖以上 /Knee shot	头部以上/Big close-up
鱼眼视角/ Fisheyelens	顶视 /Top view	反转视角/ Reverseangle
第一人称/First-personview	大特写/ Detail shot	俯视/Top-down perspective
短距离视角/ Close-upview	随意视角/Arbitrary view	内视镜视角/ Endoscopic view
过肩景/Overthe shoulder shot	背景虚化/Bokeh	胸部以上 /Chest shot
人在远方/ Extra long shot	脸部特写/Face Shot	半身像 /Bust portrait
卫星视图/ Satelite view	极限近景/Extreme close-up	固定视角/ Fixedcamera
倾斜移位/Tilt-shift	全景视角 /Panoramic view	交错视角/ Dutch

色彩可以强调画面的情绪和氛围。可以使用明暗、饱和度、色温、对比度等描述色彩。色彩描述提示词案例如下。

步骤1：输入的正向提示词为"黄昏，橙色光源，暖光，海边，礁石"。对应的英文提示词为"dusk，orange light source，warm light，by the sea，reef"。

步骤2：生成一张带有色彩的黄昏海边图像，效果如图4.14所示。

有趣的光影可以为作品添加动感和层次感。例如，可以模拟早晨阳光照进房间的画面，或太阳在林间透过的光线形成的斑驳光影。表4.5为常用光影提示词。

图 4.14 黄昏海边

表 4.5 常用光影提示词

逆光/ Back light	侧光/ Raking light	顶光/ Top light	轮廓光/ Rim light
边缘光/ Edge light	电影光/ Studio light	黄昏/ Crepuscular ray	晨光/ Morning light
氛围光/ Atmospheric light	赛博光/ Cyberpunk light	伦勃朗光/ Rembrandt light	柔和光/ Soft light

4.3 提示词的权重与格式

在 Stable Diffusion 中,提示词需要遵循一定的格式和方法,以便生成更符合预期的视觉作品。常用的提示词语法有融合、括号。

融合的提示词语法为"XX 和 XX",英文为"XX and XX"。表示将两者融合。

融合提示词案例如下。

步骤 1:输入的正向提示词为"鹿和马"。对应的英文提示词为"deer and horse"。

步骤 2:生成图像,效果如图 4.15 所示,生成了一张融合鹿和马的图像。

图 4.15 融合鹿和马的图像

在默认情况下,提示词的权重都是 1,但可以通过加括号增强或减弱提示词的影响力。

括号的常用方式有 3 种。

第一种方式的语法形式为：((提示词))。每套一层小括号，提示词的权重就会乘以 1.1，因此 n 层小括号的权重就是 1.1 的 n 次方。通过添加小括号，可以强化提示词的权重。这是一种前向调整策略，只需要将提示词置于一对小括号之间，每多一层小括号，提示词的权重就会以 1.1 的倍数增长。

第二种方式的语法形式为：[[提示词]]。每套一层中括号，提示词的权重就会乘以 0.95，因此 n 层中括号的权重就是 0.95 的 n 次方。采用双层中括号可以适度降低提示词的权重。这一调整策略的实施方式是将提示词置于一对双层中括号中，每多一层中括号，提示词的权重就会以 0.95 的倍数递减。

第三种方式的语法形式为：(提示词:x)。其中，x 为数字，代表权重，默认为 1。小于 1 的值表示减弱权重，大于 1 的值表示增强权重，建议 x 不超过 2，因为超过 2 倍的生成可能会导致画面质量不稳定或画面生成失败。

使用这些方法，可以灵活地调整提示词的权重，更好地控制生成图像的效果。

括号权重案例如下。

步骤 1：输入的正向提示词为"1 个女孩，蓝色头发和红色头发，白色背景，简单背景"。对应的英文提示词为"one girl，blue hair and red hair，white background，simple background"。

步骤 2：生成图像，如图 4.16 所示。头发上有红色和蓝色的色彩感觉，但是不够明确。

步骤 3：重新设置正向提示词为"1 个女孩，蓝色头发和(红色头发)，白色背景，简单背景"。通过括号的形式给"红色头发"增加权重。对应的英文提示词为"one girl，blue hair and (red hair)，white background，simple background"。

步骤 4：生成图像。效果如图 4.17 所示，通过观察发现红色头发因为提示词权重的增加而变得明显。

图 4.16　女孩图像

图 4.17　提示词增加权重后生成的女孩图像

4.4　综合实践：咖啡馆女孩案例

提示词综合案例如下。

步骤1：设计形象与场景，需要定义主体和场景。选择一个独自在咖啡馆坐着的女孩作为主人公，并决定捕捉她的全身侧面视角。

步骤2：组织提示词，为确保AI准确理解创作意图，需要有策略地组织提示词。按照"画质提示词、人物及主体特征、场景特征、环境光照、画幅视角"的框架组织提示词。输入的正向提示词为"高质量，8K，写实，摄影作品，一个女孩，单独，短发，眼镜，高领毛衣，长裙，坐姿，室内，咖啡馆，桌子，植物，暖光，全身，侧面视角，中距离"。对应的英文提示词为"high quality，8k，realistic，photography，a girl，solo，short hair，glasses，high necked sweater，long skirt，sitting posture，indoor，café，table，plants，warm light，full body，side view，medium distance"。

输入的反向提示词为"最差质量，低质量，低分辨率，单色，灰度，文本，字体，徽标，版权，水印，签名，用户名，模糊，重复，质量差，背光，联系人，错误，多余的数字，糟糕的解剖结构，低对比度，曝光不足，曝光过度，多视图，多角度"。对应的英文提示词为"worst quality，low quality，low resolution，monochrome，grayscale，text，font，logo，copyright，watermark，signature，username，blurry，duplicate，poor quality，backlight，contacts，errors，extra numbers，poor anatomical structure，low contrast，underexposure，overexposure，multi view，multi angle"。

步骤3：选择"麦橘写实"大模型，设置采样迭代步数为"20"步，选择采样方法为"Euler a"，画面尺寸设置为768×512像素。设置生成批次为1批，每批生成1张图像，生成图像。效果如图4.18所示，生成了咖啡馆女孩图像。

图4.18　咖啡馆女孩图像

步骤4：调整提示词，增加图像细节。比如桌子上要有咖啡，将整体画面的风格变换成插画风格，同时调整画面比例。修改提示词为"精品，高度细致，精细渲染，插图，高级，原创，漂浮，特写，水墨画，一个女孩，单独，短发，眼镜，高领毛衣，长裙，坐姿，全身，侧视，中距离，室内，咖啡馆，桌子，植物，暖光，桌上咖啡，咖啡杯"。对应的英文提示词为"boutique， highly detailed，finely rendered，illustrated，advanced，original，floating，close-up，ink painting，one girl，solo，short hair，glasses，high necked sweater，long skirt，sitting position，full body，side view，medium distance，indoor，café，table，plants，warm light，coffee on table，coffee cup"。输入的反向提示词为"分辨率低，解剖结构差，手不好，文本，错误，手指缺失，数字多，数字少，裁剪，最差质量，低质量，jpeg伪影，签名，水印，用户名，模糊"。对应的英文提示词为"low resolution，poor anatomical structure，bad hands，text，error，missing fingers，extra numbers，fewer numbers，cropping，worst quality，low quality，jpeg artifacts，signature，watermark，username，blur"。

步骤5：替换大模型为"NORFLEET光影2.5D融合"，开启高清修复，调整画面比例。单击"生成"按钮，效果如图4.19所示。画面变成了插画风格，且画面比例发生了变化。

图4.19　插画风格的咖啡馆女孩图像

本案例讲解了如何运用提示词创作一幅咖啡馆内女孩的图像。案例涉及主体特征的捕捉、场景的营造、视角的选择以及画质和画风的调整等内容。

4.5　本章小结

本章讲解如何使用提示词驱动Stable Diffusion生成图像，涵盖提示词的类型、语法结构、权重分配及实际案例。

第 5 章

图生图功能

本章学习要点：

- 掌握 Stable Diffusion 图生图功能中的重绘幅度调整方法。
- 掌握 Stable Diffusion 的局部重绘功能。
- 掌握使用局部重绘(手涂蒙版)进行图像编辑的方法。
- 掌握局部重绘(上传蒙版)进行局部重绘的技巧与方法。
- 掌握批量处理技术。

5.1 图生图的常用参数

图生图功能是一种结合图像与文字提示进行二次创作的技术，是对文生图模式的重要补充与发展。在文生图模式中，由于其固有的随机性，用户往往难以预测 AI 模型将如何解释输入的文字提示，并据此生成图像。而图生图功能有效缓解了这一不确定性，显著提升了图像生成过程中的控制度。图生图的常用参数有重绘幅度、缩放模式、蒙版等。

5.1.1 重绘幅度

重绘幅度是对图像的修改幅度。重绘幅度越高，对图像的修改幅度越大；重绘幅度越低，对图像的修改幅度越小。重绘幅度参数的值可以从"0"调整到"1"，"0"表示生成的图像和原图像无差异，即没有添加任何噪声，"1"表示完全用噪声替换图像，可以理解为随机生成图像的方式。图 5.1 为重绘幅度控制界面。

重绘幅度(Denoising)   0.4

图 5.1 重绘幅度控制界面

重绘幅度案例如下。

步骤 1：进入图生图界面，选择"自由变换"大模型。

步骤 2：输入的正向提示词为"最佳质量，杰作，超高分辨率，4K，成年女性，亚洲，(全身：1.4)，黑色长发，看着观众，美丽的细节眼睛，白色衣服，白色裤子，广角镜头，漫步，海滩，树，美丽的详细天空，蓝天"。对应的英文提示词为"best quality, masterpiece, ultra high resolution, 4K, adult female, Asian, (full body：1.4)，black long hair, looking at the audience，beautiful detail eyes，white clothes，white pants，wide angle lens，strolling，beach，trees，beautiful detailed sky，blue sky"。输入的反向提示词为"低质量，错误的手，变形，解剖结构不好，画框外"。对应的英文提示词为"low quality，incorrect hands，deformation，poor anatomical structure，out of frame"。

步骤 3：添加参考图，在提示词下方的"图生图"界面添加图片，如图 5.2 所示。

图 5.2 导入图片到图生图界面

步骤 4：选择采样方法"Euler a"，设置迭代步数为"20"步，设置画布尺寸为 512×768 像素。设置生成批次为"1"批，设置每批数量为"1"张。设置重绘幅度为"0.7"，如图 5.3 所示。

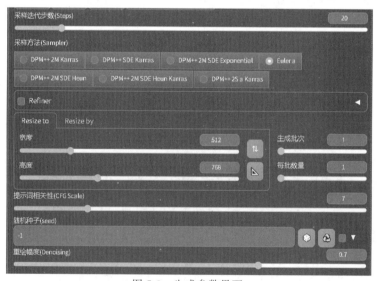

图 5.3 生成参数界面

步骤 5：单击"生成"按钮，效果如图 5.4 所示。

观察图 5.5、图 5.6 发现，生成图像与上传图像有很多相似之处，但又有着明显的风格区别。

图 5.4　二次元风格人物图像　　　　图 5.5　参考图像　　　　　　图 5.6　生成图像

5.1.2　缩放模式

在图像生成过程中,特别是使用图生图技术时,一个常见的挑战是参考图像与生成图像的尺寸比例可能不一致。为了解决这个问题,Stable Diffusion 提供了 4 种不同的缩放模式,即"拉伸""裁剪后缩放""填充"及"直接缩放(放大潜变量)",以协调尺寸差异,确保生成图像的质量,如图 5.7 所示。

图 5.7　缩放模式选择界面

拉伸是一种直接且简单的方式,可以直接将图像缩放到设定尺寸。

拉伸案例如下。

步骤 1:生成一张 760×1024 像素的人物图像,如图 5.8 所示。

步骤 2:改变生成图像的尺寸为 800×800 像素,导入图像,选用拉伸模式,生成图像会按照设定的尺寸重新调整画面,如图 5.9 所示,图像因为尺寸的变化而发生了拉伸变形。

图 5.8　人物图像　　　　　　　　图 5.9　拉伸效果图

图 5.10　裁剪效果图

裁剪的优点是人物在图像中不会扭曲或失真。但是，图片的一部分可能会被裁剪掉，以保证所得图像的长宽比。图 5.10 为裁剪后缩放的效果。

填充模式下生成的图像会用来填充原图像缺失的部分。但是，如果没有设定适当的引导参数，填充的部分可能会看起来不自然。如图 5.11 所示，图像左右两边部分是计算机根据原图计算出的延伸部分。

在默认情况下，直接缩放（放大潜变量）将采取拉伸的方式调整图像。由于此过程涉及潜空间的计算，即在图像生成网络的内部表征空间中进行操作，所以处理结果可能会导致图像的模糊或变形，如图 5.12 所示。

图 5.11　填充效果图

图 5.12　直接缩放效果图

5.1.3　蒙版

蒙版是在图像的特定区域进行精细修改和重绘的主要手段，应用广泛。蒙版设置界面如图 5.13 所示。

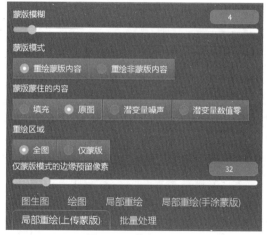

图 5.13　蒙版界面

蒙版模糊的主要作用是确定生成图像区域边缘的模糊程度。数值较低时,重绘图像与原始图像之间的边界将更为尖锐明显;数值较高则意味着边界过渡更加自然和柔和。默认的参数值设定为4,旨在平衡清晰度与自然过渡效果。图5.14为蒙版模糊控制界面。

图5.14　蒙版模糊控制界面

在实践操作中,应基于蒙版边缘的清晰度、分辨率等多个因素综合考量此参数。通常情况下,保留默认值即可满足大多数需求。

蒙版模式有两种:一种为重绘蒙版内容,另一种为重绘非蒙版内容。在Stable Diffusion中,蒙版区域默认由白色表示,意味着这部分区域将被重绘;相应地,黑色代表非蒙版区域,此部分在处理过程中保持不变。图5.15为蒙版模式选择界面。

使用Stable Diffusion蒙版时,要明确蒙版的规则,以确保图像处理的准确性和效率。蒙版覆盖的内容有4种模式,即"填充""原图""潜变量噪声"及"潜变量数值零",如图5.16所示。

图5.15　蒙版模式选择界面

图5.16　蒙版蒙住的内容选择界面

第一种是填充模式。在这种模式下,Stable Diffusion仅能感知蒙版覆盖区域内的信息,蒙版之外的内容不考虑。第二种是原图模式。在这种模式下,Stable Diffusion能够感知到整张图像的所有信息,即没有任何部分被蒙版遮挡。第三种是潜变量噪声模式。在这种模式下,Stable Diffusion依然只处理蒙版区域,但会在蒙版区域添加随机噪声,这有助于在现有图像基础上生成新的内容。第四种是潜变量数值零模式。在这种模式下,Stable Diffusion的感知被限定在蒙版区域,同时将噪声级别设置为零,这通常用于创造更为干净、少噪点的图像区域。

通过理解和应用这些蒙版模式,可以更有效地控制Stable Diffusion在图像处理中的行为,从而生成符合预期的高质量图像。

根据特定的需求和预期效果,这些不同的模式精确控制重绘过程中Stable Diffusion的行为,实现更加定制化的图像编辑体验。通过对蒙版内容的细致管理,Stable Diffusion可以在保留原图特征的同时为图像添加新的元素或改变现有元素,增强图像的视觉效果。

重绘图像时,重绘区域有两种选择模式,分别是"全图"和"仅蒙版",如图5.17所示。第一种模式是全图模式。它允许对整个图像进行绘制,确保图像各部分的统一和协调。用户用这种模式可以对整个画面进行整体调整和改进,使最终图像更加和谐一致。第二种模式是仅蒙版模式。它仅针对选定的蒙版区域进行重绘。这种模式适于对图像的特定部分进行精细调整,从而在不影响其他部分的前提下增强或修改蒙版覆盖的区域。通过合理选择这两种模式,用户可以根据需求进行精确的图像处理,达到理想的创作效果。

蒙版模式的边缘预留像素表示在蒙版边缘预留的像素值。在图像重绘过程中,通常在蒙版边缘添加额外的像素,以实现更平滑的过渡。在实践操作中,此参数的设定并不是设置的数值越高,边缘的过渡就越自然,而应基于蒙版边缘的清晰度、蒙版的分辨率等多个因素综合考量后适当调整。图 5.18 为蒙版边缘预留像素控制条。

图 5.17   重绘区域选择界面

图 5.18   蒙版边缘预留像素控制条

5.2   图生图的常用功能介绍

图生图界面主要由几个功能子界面组成,分别是图生图、绘图功能、局部重绘、局部重绘(手涂蒙版)功能、局部重绘(上传蒙版)功能以及批量处理功能,图 5.19 为图生图功能子界面。

图 5.19   图生图功能子界面

5.2.1   图生图

图生图功能经常用来生成变体,拓展创意。

图生图案例一如下。

步骤 1:进入图生图界面,选择"ReVAnimated"大模型,选择模型的 VAE 为"vae-ft-mse-840000-ema-pruned.ckpt",如图 5.20 所示。

图 5.20   大模型与 VAE 模型选择界面

步骤 2:输入的正向提示词为"最好的质量,杰作,4K,(没有人:1.2),运动鞋,鞋,(鞋侧:1.2)白色背景,简单背景,阴影"。对应的英文提示词为" best quality, masterpiece, 4k, (no one:1.2), sports shoes, shoes, (shoe sides:1.2), white background, simple background, shadows"。输入的反向提示词为"(最差质量:2),(低质量:2),签名,水印,用户名,模糊,低分辨率,解剖错误,((单色)),((灰度)),不宜在工作场合查看的内容"。对应的英文提示词为"(worst quality:2),(low quality:2), signature, watermark, username, blurry, lowres, bad anatomy,((monochrome)),((grayscale)), nsfw"。

步骤 3:导入一张运动鞋参考图,设置重绘幅度数值为"0.9",设置生成图像宽高尺寸为 768×400 像素,设置生成批次为"2"批,每批数量为"1"张,效果如图 5.21 所示。

步骤 4:生成图像,效果如图 5.22、图 5.23 所示,生成了两张不同设计的运动鞋。

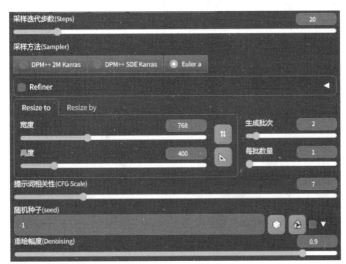

图 5.21　生成参数界面

图 5.22　运动鞋一

图 5.23　运动鞋二

　　步骤 5：替换提示词为"运动鞋,动态,霓虹灯颜色,涂鸦风格,城市景观,4K 分辨率"。对应的英文提示词为"sneakers, dynamic, neon color, graffiti style, cityscape, 4K resolution"。输入的反向提示词为"低分辨率"。对应的英文提示词为"low resolution"。生成图像的效果如图 5.24、图 5.25 所示。生了一组不同风格的运动鞋设计。

图 5.24　不同风格的运动鞋一

图 5.25　不同风格的运动鞋二

　　图生图功能还可以提升图像分辨率,提高画质。

　　图生图案例二如下。

　　步骤 1：进入图生图界面,选择"ReVAnimated"写实类大模型,选择模型的 VAE 为"vae-ft-mse-840000-ema-pruned.ckpt"。

　　步骤 2：输入的正向提示词为"最好的质量,杰作,超高分辨率,4K,没有人,静物,鞋子,简单的背景,运动鞋,白色背景,阴影,灰色背景"。对应的英文提示词为"best quality, masterpiece, ultra-high resolution, 4k, no one, still life, shoes, simple background, sports shoes，white background，shadows，gray background"。输入的反向提示词为"容易产生负面的结果，变形，画框外"。对应的英文提示词为"easynegative，deformation，out of frame"。

步骤3：导入模糊的鞋子图像到图生图界面，设定新的画面尺寸为768×400像素，重绘幅度数值设为"0.6"，生成新图像，细节就会变得更清晰。图5.26为导入图生图界面的模糊鞋子图像。图5.27为生成的清晰鞋子图像。

图5.26 模糊鞋子的图像　　　　　　图5.27 清晰鞋子的图像

5.2.2 绘图

绘图功能支持使用自由绘画或涂鸦的形式创建图像，利用涂鸦图像作为指导，实现精细且具体的图像生成效果。

绘图案例如下。

步骤1：构建一幅由河流、树林、房屋组成的画面，并将其导入绘图界面，导入"绘图/涂鸦"界面。使用绘图软件涂鸦大概的位置和构图，也可以使用笔刷工具在上传的图像上继续绘制，用绿色表示树林，蓝色表示河流，红色表示建筑，如图5.28所示。

图5.28 涂鸦效果图

步骤2：输入的正向提示词为"逼真，照片级逼真，最佳质量，杰作，超高分辨率图片，精细细节，质量，逼真的照明，复杂的细节，原始照片，超详细，小森林，河流，房子"。对应的英文提示词为"realistic，photorealistic，best quality，masterpiece，absurdres，fine detail，quality，realistic lighting，complicated details，original photo，super detailed，small forest，river，house"。输入的反向提示词为"容易产生负面的结果，(最差质量，低质量)，概念图像，图形，低分辨率，单色，灰度，文本，字体，徽标，版权，水印，签名，用户名，模糊，重复"。对应的英文提示词为"easynegative，(worst quality，low quality)，concept images，graphics，low resolution，monochrome，grayscale，text，font，logo，copyright，watermark，signature，username，blurry，duplicate"。

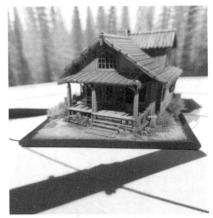

图 5.29　场景图

步骤 3：设置生成尺寸为 512×512 像素，设置生成批次为"1"批，每批数量为"1"张。设置重绘幅度为"0.75"。生成图像的效果如图 5.29 所示。生成了一张与涂鸦画面构图一致的场景图像。

5.2.3　局部重绘

局部重绘功能能够修复错误或改变目标元素。

局部重绘案例一如下。

步骤 1：生成一张穿长裤的女孩图像，并将其上传至局部重绘界面，如图 5.30 所示。

步骤 2：使用局部重绘的画笔工具在裤子的范围内进行涂鸦，以此来创建一个蒙版区域，如图 5.31 所示。

步骤 3：输入的正向提示词为"白色裙子"，对应的英文提示词为"white dress"。

步骤 4：调整重绘幅度数值为"0.6"，生成图像，如图 5.32 所示。裤子变成了裙子，且图像的其他部分没有发生变化。

图 5.30　穿长裤的女孩

图 5.31　局部重绘示意图

图 5.32　穿裙子的女孩图像

局部重绘功能也常用于二次编辑，修改图像。

局部重绘案例二如下。

步骤1：生成一张女孩图像，如图5.33所示。

步骤2：导入图像到局部重绘界面，配合局部重绘的画笔工具将人物颈部涂抹遮挡。如图5.34所示。

图5.33　女孩图像　　　　　　　　　图5.34　绘制蝴蝶结蒙版

步骤3：输入的正向提示词为"领结"，对应的英文提示词为"bowtie"。

步骤4：生成图像如图5.35所示。颈部添加了领结。

图5.35　戴蝴蝶结的女孩图像

5.2.4　局部重绘(手涂蒙版)

局部重绘(手涂蒙版)功能结合了手绘修正和局部重绘，具有蒙版和绘制功能。当使用色彩画笔填充需要填充的区域后，生成的新图像会受到色彩影响。

局部重绘(手涂蒙版)案例一如下。

步骤1：使用文生图功能生成一张穿白色上衣的女性肖像图，如图5.36所示。

步骤2：上传图像到局部重绘(手涂蒙版)界面。选择右边栏的画笔工具，选红色，对需要修改的部分进行绘制，用画笔将衣服的绘制区域遮挡住，如图5.37所示。

步骤3：生成图像。在未使用提示词的情况下，设置重绘幅度数值为"0.75"，实现人物的衣服颜色从白色到红色的替换,如图 5.38 所示。

图 5.36 白色上衣女孩   图 5.37 绘制蒙版示意图   图 5.38 白色上衣变红色上衣效果

> 提示:进行图像重绘时,需要注意以下几点。首先,重绘幅度过高(超过 0.75)时,必须配合提示词进行引导,以确保生成的图像符合预期效果。其次,涂鸦绘制的蒙版应尽量精确,以保证生成良好的图像效果。遵循这些原则,可以更有效地控制图像重绘过程,获得更佳的视觉结果。

局部重绘(手涂蒙版)功能还经常用来修改背景。

局部重绘(手涂蒙版)案例二如下。

步骤 1:用文生图功能生成一张绿色背景人物图像,如图 5.39 所示。

步骤 2:上传图像。选择右边栏的画笔工具,绘制需要修改的部分,用画笔将背景的绘制区域遮挡住,如图 5.40 所示。

图 5.39 绿色背景人物图像   图 5.40 手绘蒙版示意图

步骤 3:输入的正向提示词为"蓝色天空",对应的英文提示词为"blue sky"。设置重绘幅度为0.7。生成的结果如图5.41所示。背景变成了天空。

图5.41 蓝色背景人物图像

局部重绘(手涂蒙版)也经常用来做图案设计。

局部重绘(手涂蒙版)案例三如下。

步骤1:生成一张穿着白色短袖T恤的女性图像。将图像导入涂鸦重绘界面。

步骤2:选择"麦橘写实"大模型。

步骤3:设置蒙版模糊数值为"5",蒙版透明度数值为"0",利用画笔工具在白色短袖T恤上绘制一个简单的心形图案,如图5.42所示。

步骤4:选择蒙版模式"重绘蒙版内容",选择蒙版蒙住的内容为"原图"。

步骤5:设置与导入蒙版的图片相同的生成尺寸。设置生成批次为"1"批,每批数量为"1"张。生成图像,如图5.43所示。白色短袖T恤上就出现了各种心形的图案。通过以上案例发现,在没有输入提示词的情况下,白色短袖T恤上生成的图案形状和颜色与绘制的图案形状和颜色都保持一致。

图5.42 绘制心形蒙版示意图

图5.43 心形图案的白色短袖效果图

5.2.5 局部重绘(上传蒙版)功能

相比于局部重绘功能和局部重绘(手绘蒙版)功能,局部重绘(上传蒙版)功能的蒙版选区更加精确。在上传局部重绘(上传蒙版)界面上传一张黑白图作为蒙版,即可完成图像的更改调整。

局部重绘(上传蒙版)案例如下。

步骤1:生成一张蓝色沙发图像,如图5.44所示。

步骤2：使用图像编辑软件或本书的蒙版制作插件Inpaint Anything(第7章内容)选出蓝色沙发区域，并将其填充为白色，其他部分填充为黑色。白色区域代表重绘的区域也就是蒙版区域，黑色区域代表蒙版外的区域。图5.45为蒙版图。

图 5.44　蓝色沙发图像

图 5.45　蒙版图

步骤3：导入蒙版图，如图5.46所示。

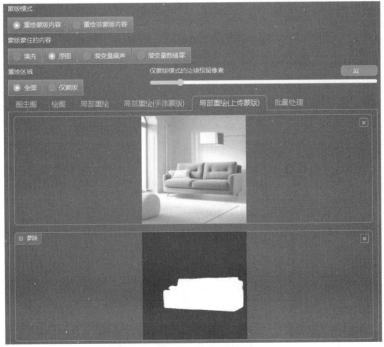

图 5.46　上传蒙版界面

步骤4：选择"室内现代风格"大模型，选择模型的 VAE 为"vae-ft-mse-840000-ema-pruned.ckpt"。输入的正向提示词为"绿色沙发"。对应的英文提示词为"green sofa"。

步骤5：设置蒙版模糊数值为"4"，蒙版模式为"重绘蒙版内容"，选择蒙版蒙住的内容为"原图"，选择重绘区域为"全图"。设置"蒙版边缘预留像素"数值为"32"，如图5.47所示。

图 5.47　设置蒙版参数示意图

步骤 6：设置采样迭代步数为"20"，选择采样方法为"Euler a"，设置生成尺寸为 512×512 像素，调整重绘幅度数值为"0.85"，如图 5.48 所示。

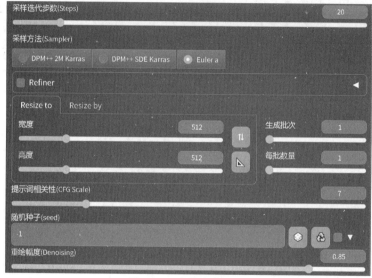

图 5.48　生成参数界面

步骤 7：生成图像，检查生成结果，如图 5.49 所示。蓝色沙发替换成绿色沙发。

图 5.49　绿色沙发图像

提示：蒙版的精度对于生成图像的质量至关重要。高精度的蒙版确保图像的细节更加清晰和准确，提升整体效果。此外，如果在生成图像过程中出现边缘残留问题，可以通过学习和使用 ControlNet 插件的边缘控制功能来解决。通过结合插件功能，用户可以更好地控制和优化图像生成的边缘效果，确保最终图像的品质。

5.2.6 批量处理

批量处理功能可以实现一些流程化的工作，将复杂烦琐的生成流程简单化。

批量处理案例如下。

步骤 1：进入图生图界面，选择"majicMIX realistic 麦橘写实"大模型，输入的正向提示词为"红色外套"，对应的英文提示词为"red coat"。

步骤 2：生成 3 个黄色外套人物图像，如图 5.50、图 5.51 和图 5.52 所示。

图 5.50 人物图一　　　　　图 5.51 人物图二　　　　　图 5.52 人物图三

步骤 3：使用插件或图像编辑软件对 3 张黄色外套模特进行蒙版制作，如图 5.53、图 5.54 和图 5.55 所示。

图 5.53 蒙版图一　　　　图 5.54 蒙版图二　　　　图 5.55 蒙版图三

步骤 4：进入批量生成界面。将原图路径复制进输入目录。新建一个文件夹，将其目录复制进输出目录。"Inpaint batch mask directory"指蒙版所在目录，如果需要使用蒙版，可以将蒙版路径输入该对话框。"ControlNet input directory"指 ControlNet 路径。注意设置路径过程中尽量避免中文和特殊符号，且原图的名称要与蒙版名称对应，否则会跳过或报错，导致生成失败。批量界面如图 5.56 所示。

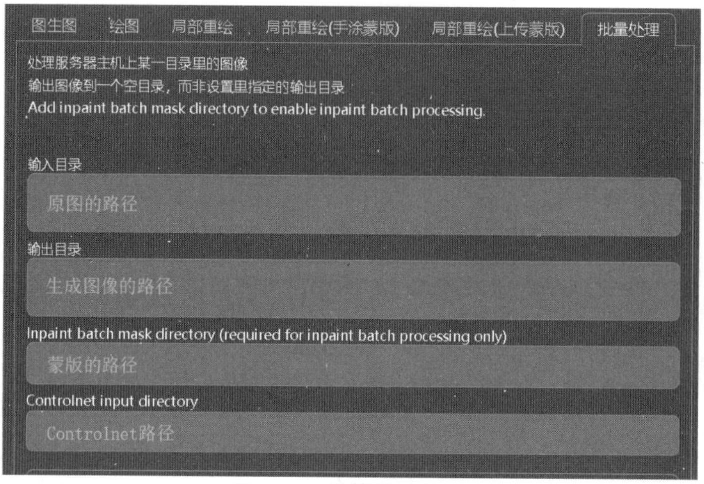

图 5.56　批量处理界面

步骤 5：设置生成尺寸与导入图像尺寸统一，生成图像。如果批量处理的效果不理想，例如有的图像没有实现衣服的换色，可以适当提高重绘幅度。生成效果如图 5.57、图 5.58 和图 5.59 所示，黄色外套批量替换成红色外套。

图 5.57　红色外套人物图一

图 5.58　红色外套人物图二

图 5.59　红色外套人物图三

> **提示**：使用蒙版进行图像处理时，需要注意以下几点。首先，确保原图与蒙版图的命名一致，以便系统能够正确识别和匹配。其次，所有文件夹路径应使用英文、数字或拼音命名，以免出现路径识别问题。最后，如果蒙版内容为黑色，则需要选择绘制非蒙版区域。

5.3　综合实践：服装模特案例

局部重绘综合案例如下。

步骤 1：选择要制作的假人模特展示服装的图像，将其导入到图生图"局部重绘"界面。

步骤 2：使用画笔工具遮盖假人模特部分的头部和脚部，绘制出蒙版，如图 5.60 所示。

图 5.60　蒙版绘制示意图

步骤 3：选择"麦橘写实"大模型，输入的正向提示词为"杰作，最好的质量，一位女孩，金发，站着，全身，时尚摄影，摄影棚灯光"。对应的英文提示词为"masterpiece, the best quality, one girl, blonde, stand, whole body, fashion photography, studio lights"。输入的反向提示词为"容易产生负面的结果，最差质量，低质量，绘画，抽象艺术，卡通，低分辨率，单色，灰度，文本，字体，徽标，版权，水印，签名，用户名，模糊，背光，糟糕的解剖结构，低细节，低对比度，曝光不足，曝光过度，多视图，多角度"。对应的英文提示词为"easynegative, worst quality, low quality, painting, abstract art, cartoon, low resolution, monochrome, grayscale, text, font, logo, copyright, watermark, signature, username, blurring, backlight, poor anatomical structure, low detail, low contrast, underexposure, overexposure, multi view, multi angle"。

步骤 4：生成图像，效果如图 5.61 所示。

步骤 5：使用局部重绘功能继续调整脸部，配合提示词修缮人物脸部结构。最终效果如图 5.62 所示。

图 5.61　服装模特图像

图 5.62　服装模特最终效果图

5.4　本章小结

本章讲解了 Stable Diffusion 图生图功能，涵盖参数设置和常用功能。通过案例实操，读者将了解精确控制和灵活运用这些工具的方法，掌握创建丰富图像的技能。

局部重绘功能、局部重绘（手涂蒙版）功能以及局部重绘（上传蒙版）功能相近，又有所不同。对它们的功能、特点以及处理方式的总结如表 5.6 所示。

表 5.6　对局部重绘、局部重绘（手涂蒙版）及局部重绘（上传蒙版）的归纳总结

类　　型	功　　能	特　　点	处 理 方 式
局部重绘	涂抹后重新绘制	局部区域处理	依赖提示词
局部重绘（手涂蒙版）	根据涂抹的形状、颜色重新绘制	引导处理	依赖涂抹形状、颜色和提示词
局部重绘（上传蒙版）	利用第三方软件或插件制作的蒙版图片重新绘制	精细化区域处理	依赖第三方蒙版图片和提示词

第 6 章

Stable Diffusion 创作绘画风格作品

本章学习要点：

- 提示词配合 LoRA 的应用。
- 掌握 Stable Diffusion 生成国画风格作品的方法。
- 掌握 Stable Diffusion 生成油画风格作品的方法。
- 掌握 Stable Diffusion 生成水彩风格作品的方法。
- 掌握 Stable Diffusion 生成线稿作品的方法。
- 掌握 Stable Diffusion 生成插画风格作品的方法。

6.1 Stable Diffusion 创作国画风格作品

Stable Diffusion 技术能够生成具有国画风格的艺术作品，使得创作者们可以探索更多的艺术风格，并为那些没有专业背景的创作者提供一条进入艺术创作的通道，大幅降低了参与门槛。

6.1.1 国画人物案例

步骤 1：选择大模型"麦橘写实"，如图 6.1 所示。

图 6.1 大模型选择示意图

步骤 2：输入的正向提示词为"（代表作，最佳质量：1.2），水墨画，立女像，杨柳枝，中国传统绘画，模型拍摄风格，汉服，柳树"。对应的英文提示词为"（signature work，best quality：1.2），Ink wash painting，standing female figure，willow branch，traditional chinese painting，model shooting style，hanfu，willow"。输入的反向提示词为"最差质量，低质量，低分辨率"。对应的英文提示词为"worst quality，low quality，lowres"。

步骤 3：设置采样迭代步数为"20"步，设置采样方法为"DPM＋＋SDE Karras"，设置图像的生成尺寸为 768×1024 像素。设置生成批次为"1"批，每批数量为"1"张，效果如图 6.2 所示。

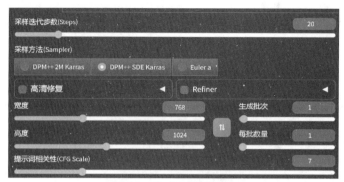

图 6.2　生成参数示意图

步骤 4：生成图像，生成了国画风格的人物效果，如图 6.3 所示。

图 6.3　国画风格人物图像

6.1.2　国画风景案例

步骤 1：选择大模型"真实感必备模型"，如图 6.4 所示。选择 LoRA 模型为"墨心"与"疏可走马"两个模型，这两个微调模型专注于精准地模拟水墨画的细节和意境，其中"墨心"模型着重于墨色的深浅变化，而"疏可走马"模型则体现出画面的空灵与开阔风格。

图 6.4　大模型选择示意图

步骤 2：输入的正向提示词为"疏可走马，负空间，风景，建筑，树，杰作，最佳质量，8k，超高清"。对应的英文提示词为"shukezouma, negative space, scenery, building, tree, masterpiece, best quality, 8k, ultra-high definition, ＜LoRA：14856：0.6＞, ＜LoRA：shuV2：0.6＞"。输入的反向提示词为"最差质量，低质量，低分辨率"。对应的英文提示词

为"worst quality，low quality，lowres"。

> **提示**：提示词中的＜LoRA：shuimobysimV3：0.6＞代表了"墨芯"LoRA模型，＜LoRA：shukezouma_v1_1：0.6＞"代表了"疏可走马"LoRA模型。提示词中的"shukezouma"是该模型的触发词。

步骤3：设置采样迭代步数为"20"步，选用的采样方法为"DPM＋＋ SDE Karras"，设置图像的生成尺寸为512×768像素。设置生成批次为"1"批，每批数量为"1"张，效果如图6.5所示。

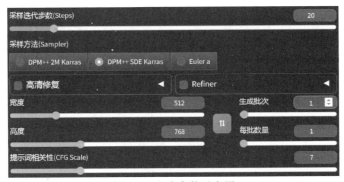

图6.5　生成参数示意图

步骤4：生成图像，如图6.6所示。生成了国画风格的风景作品。

图6.6　国画风景效果图

6.2 Stable Diffusion 创作油画风格作品

6.2.1 油画人物案例

步骤1：选择大模型"ReVAnimated"，如图6.7所示。选择LoRA模型为油画风格的微调模型，用于模拟油画风格。LoRA模型不是唯一固定搭配组合，可以在C站或其他开源网站下载相关模型搭配大模型使用。

图 6.7 大模型选择界面

步骤 2：输入的正向提示词为"1 个女孩，油画风格，油画"。提示词最后加入 LoRA 模型。对应的英文提示词为"1girl, oil painting style, oil painting"。输入的反向提示词为"容易产生负面的结果"。对应的英文提示词为"easynegative"。

步骤 3：设置采样迭代步数为"20"步，设置的采样方法为"DPM++ 2M Karras"，图像的生成尺寸设置为 512×768 像素。设置生成批次为"1"批，每批数量为"1"张。生成油画风格的人像，效果如图 6.8 所示。

图 6.8 油画风格人物图像

6.2.2 油画风景案例

步骤 1：选择大模型"ReVAnimated"。选择 LoRA 模型为油画风格的微调模型。

步骤 2：输入的正向提示词为"(杰作，最佳画质：1.3)，写实，海洋，海滩，湖泊，瀑布，冬天，超细绘画，写实，超高分辨率，落叶，雪山，油画，油画风格"。对应的英文提示词为"(masterpiece, best quality:1.3), realistic, ocean, beach, lake, waterfall, winter, ultra-fine painting, realistic, absurdres, deciduous, snow mountain, oil painting, oil painting style"。输入的反向提示词为"最差质量，低质量，人，签名，水印，用户名"。对应的英文提示词为"worst quality, low quality, person, jpeg, artifacts, signature, watermark, username"。

步骤 3：设置采样迭代步数为"20"步，设置的采样方法为"DPM++ 2M Karras"，设置生成图像尺寸为 768×512 像素，设置生成批次为"1"批，每批数量为"1"张。

步骤 4：生成油画风格的风景图像，生成效果如图 6.9 所示。

图 6.9　油画风格的风景图像

提示：本节讲解的大模型与 LoRA 模型搭配生成油画风格作品并不是唯一组合，读者可以在开源模型网站下载更多的风格控制模型进行组合搭配。

6.3　Stable Diffusion 创作水彩风格作品

6.3.1　水彩人物案例

步骤 1：选择大模型"自由变换"，选择 LoRA 模型为"水彩画风"模型，如图 6.10 所示。

图 6.10　模型选择

步骤 2：准备一张人物图像，将人物图像导入提示词反推工具（WD1.4 标签器）反推出正向提示词，如图 6.11 所示。检查与整理反推出的提示词。这一环节可以快速整理出一个提示词框架，为后续的提示词撰写提供基础。

图 6.11　提示词反推界面

步骤3：输入的正向提示词为"最高质量,杰作,超级详细(水彩素描:1.5),(水墨素描:1.5),一个女孩,单独,金发,牛仔夹克,长发,户外,看着观众,分开的嘴唇,夹克,牛仔,上身,模糊的背景,白天,海滩,蓝眼睛,模糊,高领,嘴唇,蓝色夹克,前额,毛衣"。对应的英文提示词为"the highest quality, masterpiece, super detailed (watercolor sketch:1.5), (ink sketch:1.5), one girl, solo, blonde hair, denim jacket, long hair, outdoor, looking at the audience, parted lips, jacket, denim, upper body, blurry background, daytime, beach, blue eyes, blurry, high collar, lips, blue jacket, forehead, sweater, <lora:20240127-1706287710575:0.8>"。输入的反向提示词为"容易产生负面的结果,(最差质量:2),(低质量:2),低分辨率((单色)),((灰度)),文本,水印"。对应的英文提示词为"easynegative, (worst quality:2), (low quality:2), lowres, ((monochrome)), ((grayscale)), text, watermark"。

> **提示:** 将 LoRA 模型权重调整为 0.8。

步骤4：将人物照片导入图生图功能界面,如图6.12所示。

图6.12　导入素材到图生图界面

步骤5：设置采样迭代步数为"25"步,设置采样方法为"Euler a",设置图像分辨率为512×768像素(与导入图片尺寸相匹配)。设置生成批次为"1"批,每批数量为"1"张。将重绘幅度数值调整到"0.3",如图6.13所示。

步骤6：生成图像效果如图6.14所示。生成了一幅水彩风格的人像作品。

6.3.2　水彩风景案例

步骤1：进入图生图界面,选择大模型"麦橘写实",选择 LoRA 模型为水彩风格的微调模型,如图6.15所示。

步骤2：准备一张场景照片,如图6.16所示。

步骤3：输入的正向提示词为"最好的质量,杰作,超细致,(水彩素描:1.3),(水墨素描:1.3),水彩画"。对应的英文提示词为"the best quality, masterpiece, super detailed, (watercolor sketch:1.3), (ink sketch:1.3), watercolor painting"。输入的反向提示词为

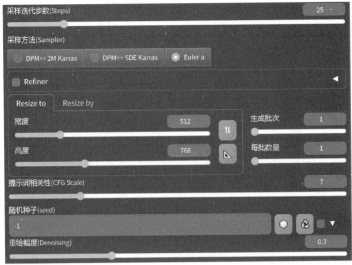
图 6.13　生成参数示意图

图 6.14　水彩风格的人像

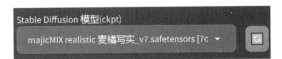
图 6.15　大模型选择示意图

图 6.16　场景照片

"容易产生负面的结果,(最差质量:2),(低质量:2),低分辨率,((单色)),((灰度)),文本,水印"。对应的英文提示词为"easynegative,(worst quality:2),(low quality:2),lowres,((monochrome)),((grayscale)),text,watermark"。

> 提示:＜LoRA 模型的权重可以根据画面生成的效果调查,本案例 LoRA 模型的权重为 0.6。

步骤 4:将场景照片导入图生图功能界面,如图 6.17 所示。

图 6.17　照片导入图生图界面

步骤 5:设置采样迭代步数为"25"步,选择采样方法为"Euler a",设置图像的生成尺寸为 692×455 像素(与导入照片尺寸保持一致)。设置生成批次为"1"批,每批数量为"1"张。调整重绘幅度数值为"0.2",参数设置如图 6.18 所示。

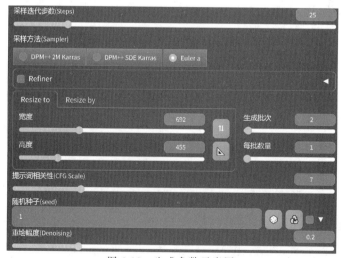

图 6.18　生成参数示意图

步骤 6:生成图像,效果如图 6.19 所示。生成了水彩风格的作品。作品内容与导入照片一致,且兼具了水彩风格。

图 6.19　水彩风格风景图像

6.4　Stable Diffusion 创作线稿作品

Stable Diffusion 生成线稿是其常用的功能之一。在 Stable Diffusion 中,读者可以通过简单的文本提示生成精美的线稿,配合 ControlNet 插件,也可以将图像转换为线稿。

线稿生成案例如下。

步骤 1:进入文生图界面,选择大模型"自由变换"。搭配线稿类 LoRA 模型。

步骤 2:输入的正向提示词为"杰作,最佳质量,1 个女孩,单独,长发,看着观众,微笑,礼服,丝带,珠宝,发带,花,手镯,单色,((动漫线性,线性))"。对应的英文提示词为"masterpiece, best quality, one girl, solo, long hair, looking at viewer, smile, dress, ribbon, jewelry, hair ribbon, flower, bracelet, monochrome, ((Anime Lineart, lineart))"。输入的反向提示词为"easynegative"。

> 提示:提示词中的"Anime Lineart,lineart"是 LoRA 模型的触发词。下载 LoRA 模型时要注意是否有触发词,将触发词写入提示词,可以更好地发挥 LoRA 模型的作用。

步骤 3:设置采样迭代步数为"35"步,设置采样方法为"DPM++ 2M Karras",设置图像的生成尺寸为 512×768 像素。设置生成批次为"1"批,每批数量为"1"张。生成参数设置如图 6.20 所示。

图 6.20　生成参数示意图

步骤4：生成图像，效果如图6.21所示。生成了线稿图像。

图6.21　线稿图像

6.5　Stable Diffusion 创作插画作品

6.5.1　写实插画案例

步骤1：选择大模型"NORFLEET光影2.5D融合"。

步骤2：输入的正向提示词为"精品，高度细致，精细渲染，插图，原创，漂浮，特写，水墨画，一个女孩，坐在树枝上，赤脚，长长的白发，红眼睛，隐藏的手，漂浮的丝带，蓬松的袖子，喇叭花，花，花树，水瓣，漂浮的花瓣，夜晚，满月，温泉"。对应的英文提示词为"boutique，highly detailed，fine rendering，illustration，original，floating，close-up，Ink wash painting，one girl，sitting on a branch，barefoot，long white hair，red eyes，the hidden hand，floating ribbon，puffy sleeves，bellflower，flower，flower tree，water petals，floating petals，night，full moon，onsen"。输入的反向提示词为"分辨率低，解剖结构不好，手不好，文本，错误，手指缺失，多余的数字，裁剪，最差质量，低质量，jpeg伪影，签名，水印，用户名，模糊"。对应的英文提示词为"low resolution，poor anatomical structure，bad hands，text，error，missing fingers，extra numbers，cropping，worst quality，low quality，jpeg artifacts，signature，watermark，username，blur"。

步骤3：设置采样迭代步数为"30"步，设置采样方法为"DPM＋＋SDE Karras"，设置图像的生成尺寸为512×768像素。设置生成批次为"1"批，每批数量为"1"张。开启高清修复，选择放大算法为"R-ESRGAN 4x＋ Anime6B"模式，设置放大倍率为"2"，设置重绘幅度数值为"0.7"。高清修复参数设置如图6.22所示。

图6.22　高清修复参数示意图

步骤4：生成图像，如图 6.23 所示。生成了一幅写实风格的插画作品。

图 6.23 写实风格插画

6.5.2 平面插画案例

步骤1：选择大模型"ReVAnimated"，选择 LoRA 模型为"扁平风格插画"。

步骤2：输入的正向提示词为"一个女孩，单独，黑色头发，闭着眼睛，植物，衬衫，电脑，长发，腮红，笔记本电脑，耳环，珠宝，上身，白色衬衫，叶子，侧面，短袖，举手，坐着，白色背景"。对应的英文提示词为"one girl，solo，black hair，closed eyes，plant，shirt，computer，long hair，blush，laptop，earrings，jewelry，upper body，white shirt，leaf，side view，short sleeves，raised hands，sitting，white background"。输入的反向提示词为"容易产生负面的结果，深色，糟糕的手，糟糕的脚，最差的质量，低质量，糟糕的艺术家，糟糕的解剖"。对应英文提示词为"easynegative，dark color，bad hands，bad feet，the worst quality，low quality，bad artist，bad anatomy"。

步骤3：设置采样迭代步数为"20"步，设置采样方法为"Euler a"，设置图像的生成尺寸为 512×512 像素。设置生成批次为"1"批，每批数量为"1"张，效果如图 6.24 所示。

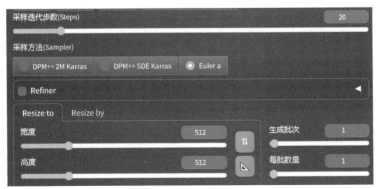

图 6.24 生成参数示意图

步骤4：生成图像。生成了扁平风格插画作品，如图 6.25 所示。

图 6.25　扁平风格插画

6.6　本章小结

　　本章系统讲解了运用 Stable Diffusion 技术生成具有不同艺术风格的作品,涵盖模型选择、提示词和参数设置。详细讲解生成图画风格、油画风格、水彩风格、线稿和插画风格作品,并探索多样化的创作方法。

第 7 章

Stable Diffusion 的常用插件

本章学习要点：

- 掌握 ControlNet 插件的使用方法。
- 掌握人脸修复插件的使用方法。
- 掌握自动翻译的使用方法。
- 掌握 Inpaint Anything 插件的使用方法。
- 掌握 ReActor 插件的使用方法。

7.1 下载与安装 Stable Diffusion 插件

在 Stable Diffusion 软件系统中，插件也称为扩展，是对其功能的一种重要补充。多数整合包已默认包含常用的插件，但并不完全覆盖所有的插件种类，因而手动安装插件必不可少。常用的安装插件的方式有以下两种。

第一种方式，开启 Stable Diffusion WebUI，单击顶部的扩展选项卡，进入可用界面，然后单击"加载扩展列表"按钮，图 7.1 为可用界面。页面底部自动呈现可用的插件列表。在列表中找到并选择相应的插件，并单击"安装"按钮，安装（Installing）消失后插件安装成功。重新启动 Stable Diffusion，WebUI 界面中已经成功安装插件。

图 7.1　可用界面

第二种方式，单击扩展选项卡，然后单击"从网址安装"按钮，输入插件的安装网址，如图 7.2 所示，就能从指定的网站中安装插件，以安装那些未在可下载列表中列出的插件。GitHub 是一个全球最大的面向开源和私有软件项目的托管平台及代码云服务平台，可以帮助开发人员存储、管理、追踪项目的源代码，并控制对代码修改的权限，也是插件源码的重要来源。

ADetailer 插件的安装步骤如下。

步骤 1：打开扩展界面，选择"从网址安装"界面，在对话框内输入地址"https://github.

图7.2　"从网址安装"界面

com/Bing-su/ADetailer",如图7.3所示。

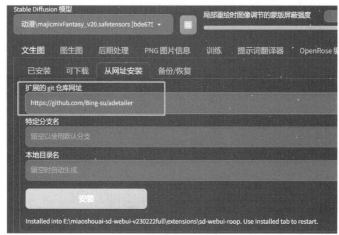

图7.3　输入安装网址

步骤2：单击"安装"按钮,安装完成后重启 Stable Diffusion。插件界面显示 ADetailer
插件的界面,如图7.4所示。

图7.4　ADetailer 插件界面

7.2　人脸修复插件的功能

开启 ADetailer 插件,只需要在 Enable ADetailer 处勾选即可。插件的模型有多种,如
脸部优化控制以及其他部分的优化控制。在目前版本的插件中,脸部的优化控制效果最好,
尤其是在小像素尺寸生成人像的效果上表现突出。图7.5为插件模型选择界面。

ADetailer 插件的功能案例如下。

步骤1：进入文生图界面,选择大模型"ReVAnimated"。输入的正向提示词为"一个女
孩,单独,穿着连衣裙,秋天背景,最好的质量"。对应的英文单词为"a girl, solo, half body
strength，wearing a dress, autumn background，best quality，8k"。

步骤2：设置迭代步数为"20"步,设置采样方法为"Euler a",设置生成尺寸为560×760

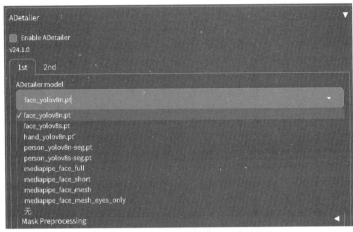

图 7.5　ADetailer 插件模型选择界面

像素。

步骤 3：单击"生成"按钮，如图 7.6 所示。生成了一张女孩图像，但是脸部生成错误明显。

图 7.6　女孩图像

步骤 4：在随机种子功能区域单击 按钮，如图 7.7 所示。

图 7.7　设置随机种子

步骤 5：开启 ADetailer 插件，选择"face_yolov8n.pt"模型修复脸部，如图 7.8 所示。

图 7.8　ADtailer 界面

步骤6：单击"生成"按钮生成图像，效果如图7.9所示。

图7.9   开启ADetailer插件后生成的女孩图像

通过对比图发现，ADetailer插件可以帮助修复脸部造型，有效地避免人物脸部生成时出现的错误。对比效果如图7.10和图7.11所示。

图7.10   未开启ADetailer插件生成的女孩图像   图7.11   开启ADetailer插件生成的女孩图像

7.3   ControlNet插件的类型和功能

ControlNet是一种创新的神经网络结构，它通过增加附加条件来加强扩散模型在图像生成中的控制力。这种架构的革命性贡献在于其有效解决了图像空间的连贯性问题，这是之前的技术所未能达到的。通过引入这种方法，ControlNet赋予了稳定扩散模型更广泛的图像处理能力，更精确地引导模型根据具体的要求生成图像。与以往的Stable Diffusion模型相比，ControlNet拓展了模型的输入接受范围，支持包括边缘检测、语义分割、动作捕捉在内的多种输入形式，成为提升AI绘图可控性的关键途径之一。

7.3.1   Canny（硬边缘）

Canny算法是一种高效的边缘检测工具，能够准确地提取图像中元素的线条轮廓。通过生成图像的轮廓线，Canny算法为图像重构提供了一种约束机制，以捕捉丰富的细节信息。在多数情况下，算法的默认参数设置已足够有效，无须进一步调整。利用这一技术，AI

可以依据提取的轮廓线生成一张在细节上与原始图片相似的新图像。

Canny功能案例如下。

步骤1：绘制一张办公椅的线稿图，如图7.12所示。

步骤2：选择写实风格的大模型，输入的正向提示词为"杰作，最佳质量，椅子，办公椅，棕色，金属，皮革"。对应的英文提示词为"masterpiece，best quality，chair，office chair，brown，metal，leather"。输入的反向提示词为"分辨率低，结构不好，文本，错误，多余的数字，更少的数字，裁剪，最差质量，低质量，jpeg伪影，签名，水印，用户名，模糊"。对应的英文提示词为"low resolution，poor structure，text，errors，extra numbers，fewer numbers，cropping，worst quality，low quality，jpeg artifacts，signatures，watermarks，usernames，vague"。

图7.12 办公椅线稿

步骤3：启用ControlNet插件，将办公椅线稿图导入ControlNet插件中，在控制类型中选择"Canny"。ControlNet插件设置如图7.13所示。

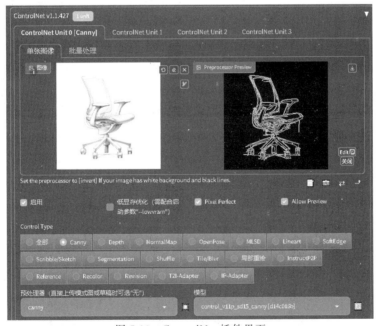

图7.13 ControlNet插件界面

步骤4：单击"生成"按钮，生成图像。效果如图7.14所示。对比线稿图像和最终生成的办公椅图像，二者在结构上高度一致。然而，在颜色和材质的处理上，生成图像展现出显著的变化和丰富的细节，赋予了办公椅更加逼真和吸引人的外观。

7.3.2 Depth（深度）

Depth可以很好地控制有层次感的复杂图像。在深度控制图像的生成方式中，通过描绘不同深度的图像来实现。越浅的颜色指代越近的物体，越深的颜色指代越远的物体。当

图7.14　生成的办公椅图像

然,这种控制方式可能会牺牲一些细节,例如人的面部表情,但是对于捕捉空间关系有着良好的效果,因此更适合控制空间层次的图像,而不是捕捉精细的面部特征。Depth有3种预处理器,分别是depth_midas预处理器、depth_leres++预处理器及zoe预处理器。

Depth功能案例一如下。

步骤1:在文生图界面选定写实风格的大模型"majicMIX realistic 麦橘写实"。

步骤2:输入的正向提示词为"杰作,最好的质量,一个女孩,单独,和服,寿司,室内场景,日式餐厅,砧板,背景是酒店内部,食物,植物"。对应的英文提示词为"masterpiece, best quality, a girl, solo, kimono, sushi, indoor scene, japanese restaurant, chopping board, the background is hotel interior, food, plant"。输入的反向提示词为"容易产生负面的结果,低分辨率,糟糕的解剖结构,糟糕的手,文本,错误,丢失的手指,多余的数字,较少的数字,裁剪,最差质量,低质量,jpeg伪影,签名,水印,用户名,模糊,以字符为中心"。对应的英文提示词为"easynegative, lowres, bad anatomy, bad hands, text, error, the lost finger, superfluous figures, fewer numbers, cropped, worst quality, low quality, jpeg artifact, signature, watermark, username, blurry, character centric"。

步骤3:设置采样迭代步数为"25"步,设置采样方法为"DPM++ SDE Karras",设置图像的生成尺寸为768×552像素,设置生成批次为"1"批,每批数量为"1"张,如图7.15所示。

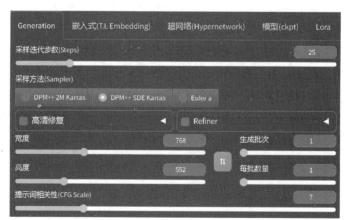

图7.15　生成参数示意图

步骤4:开启人脸修复插件,如图7.16所示。

步骤5:将制作好的寿司店场景图导入ControlNet插件,选择控制类型为"Depth",选择"leres++"预处理器,ControlNet插件设置如图7.17所示。

步骤6:单击"生成"按钮生成图像,"Depth"模型在空间上很好地进行了结构还原,人

图 7.16 ADetailer 插件界面

图 7.17 ControlNet 插件界面

物的位置以及物品的位置都得到了有效控制,效果如图 7.18 所示。

图 7.18 生成效果图

Depth 功能案例二如下。

步骤 1:在文生图界面选择大模型"majicMIX realistic 麦橘写实"。

步骤2：输入的正向提示词为"最好的质量，室内，咖啡馆，店员，顾客，酒吧，咖啡馆环境，植物"。对应的英文提示词为"the best quality，indoor，cafe，shop assistant，customer，bar，cafe environment，plant"。输入的反向提示词为"容易产生负面的结果，低分辨率，糟糕的解剖结构，糟糕的手，文本，错误，丢失的手指，多余的数字，较少的数字，裁剪，最差质量，低质量，jpeg伪影，签名，水印，用户名，模糊，以字符为中心"。对应的英文提示词为"easynegative，lowres，bad anatomy，bad hands，text，error，the lost finger，superfluous figures，fewer numbers，cropped，worst quality，low quality，jpeg artifact，signature，watermark，username，blurry，character centric"。

步骤3：设置采样迭代步数为"25"步，设置采样方法为"DPM++ SDE Karras"，设置图像的生成尺寸为768×552像素，设置生成批次为"1"批，每批数量为"1"张。

步骤4：将寿司店女孩图片导入ControlNet插件，开启插件的同时选择控制类型"Depth"，将控制强度数值调整为"0.8"。使提示词以及模型有更大的发挥空间。

步骤5：单击"生成"按钮，生成图像，效果如图7.19所示。通过深度模型的控制，生成的场景空间结构在总体上与寿司店一致，但是细节和画面感受已经完全不同。用这种方式可以延展出更多的衍生空间。

图7.19　咖啡馆效果图

7.3.3　NormalMap(法线贴图)

法线贴图常用于三维建模中，它通过在每个像素点上存储法线向量的信息来模拟细微的表面细节，从而增强三维模型的视觉复杂性，而无须增加模型的几何复杂性。

ControlNet的NormalMap模型利用光影信息仿真物体表面的凹凸，从而准确地重现场景内容布局。这种法线贴图技术广泛应用于三维建模领域，通过模拟光线在物体微观结构上的反射，为二维平面图像赋予深度感和复杂的纹理效果，极大地提升了视觉真实感。尽管法线贴图在分辨率有限或模拟特定物理材料属性时可能面临挑战，但其在增强三维图形的细节表现和深度感方面的优势仍然显著，对于增强复杂结构和微妙轮廓的真实感起到至关重要的作用。

关于NormalMap的预处理器有2种：即normalmap_bae预处理器和normalmap_midas预处理器。normalmap_bae预处理器会针对主体和背景进行渲染生成，且除轮廓的阴影外,还会绘制背景。normalmap_midas 预处理器主要应用在人物的光影与轮廓上,这种预处理器能够根据画面中的光影信息模拟物体表面的凹凸细节。图 7.20 为 normalmap_bae 预处理器生成的预览图,图 7.21 为 normalmap_midas 预处理器生成的预览图。

图 7.20　normalmap_bae 预处理器预览图

图 7.21　normalmap_midas 预处理器预览图

NormalMap 功能案例如下。

步骤 1:使用文生图功能制作一张室内场景效果图,如图 7.22 所示。

图 7.22　室内场景效果图

步骤 2:将图像导入 ControlNet 插件,开启插件的同时选择控制类型为"NormalMap",选择"normalmap_bae"预处理器,ControlNet 插件设置如图 7.23 所示。

步骤 3:在提示词框输入颜色限定词"绿色"。

步骤 4:单击"生成"按钮,检查生成结果,如图 7.24 所示。画面环境变成绿色,但空间结构及物品摆放没有发生变化。

步骤 5:开启 ControlNet 插件,预处理器切换为"normalmap_midas",ControlNet 插件设置如图 7.25 所示。

步骤 6:单击"生成"按钮,检查生成结果,如图 7.26 所示。生成了错误画面。

从生成的结果来看,normalmap_bae 预处理器生成的图像很好地保留了物体的轮廓,对生成画面的光影关系也有很好的控制,而 normalmap_midas 预处理器生成的图像则发生了物体错误。总结来说,normalmap_bae 预处理器通常是首选,因为它在处理主体和背景

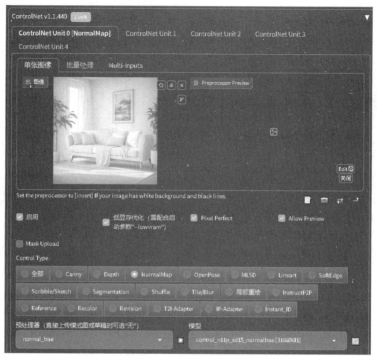

图 7.23　ControlNet 插件界面

图 7.24　normalmap_bae 预处理器生成效果图

的渲染生成方面表现出色,主要用于对主体和背景的渲染生成,这在功能上有些类似于 Depth 模型。除了在轮廓上投射阴影,此预处理器还会对背景进行各种绘制处理。相对来说,normalmap_midas 预处理器在处理多个复杂物体的情况下会出现生成错误的问题。

7.3.4　OpenPose(姿态)

通过三维骨骼模型可以实现对人体姿态的精准捕获和模拟。在 OpenPose 的技术框架内,骨骼架构中的每一个节点都对应人体的一个关节区域,至于 OpenPose 的种类,其主框架以外还有很多附加的扩展插件可供选择。这些插件可以提供更丰富的功能,比如对特殊

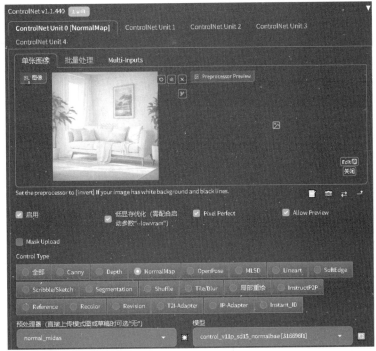

图 7.25　ControlNet 插件界面

图 7.26　normalmap_midas 预处理器生成效果图

人体姿态的模拟。

OpenPose 功能案例一如下。

步骤1：用文生图功能生成一个站立的女性模特图像。

步骤2：将图像导入 ControlNet 插件，开启插件的同时选择控制类型为"OpenPose"，选择预处理器为"openpose_full"，以处理人物姿势和表情。单击██预览按钮，预览图中出现了人物的骨骼图。ControlNet 插件设置如图 7.27 所示。

步骤3：选择"麦橘写实"大模型，输入的正向提示词为"一个女孩，高跟鞋，全身，站立，短发，棕色头发，看着观众，棕色眼睛，毛衣，牛仔裤，白色背景，简单背景"。对应的英文提示

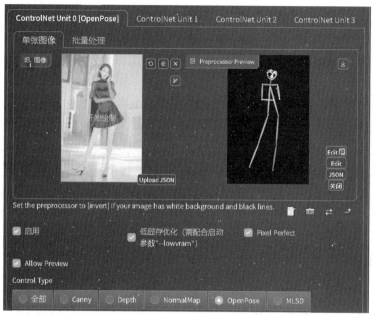

图 7.27　ControlNet 插件界面

词为"one girl，single，high heels，full body，standing，short hair，brown hair，looking at the audience，brown eyes，sweater，jeans，white background，simple background"。输入的反向提示词为"(最差质量，低质量：1.4)，容易产生负面的结果"。对应的英文提示词为"(worst quality，low quality：1.4)，easynegative"。

步骤 4：设置迭代步数为"20"步，设置采样方法为"Euler a"，并将生成图像尺寸设置为512×768 像素。

步骤 5：单击"生成"按钮，生成图像，模特的动作姿势还原了参考图，如图 7.28 所示。

OpenPose 功能案例二如下。

步骤 1：使用文生图功能生成一张多个人物在同一场景内的图像，如图 7.29 所示。

图 7.28　模特图像

图 7.29　多人图像

步骤2：将图像导入ControlNet插件，开启插件的同时选择控制类型为"OpenPose"，勾选"允许预览"选项，单击■预览按钮，预览效果如图7.30所示。

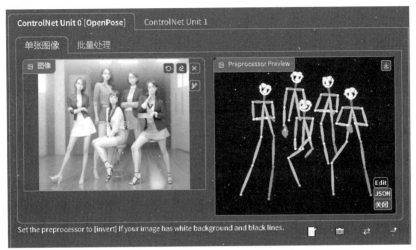

图7.30　多人图像预览图

步骤3：更换大模型为"自由变换"，输入的正向提示词为"（杰作：1.2，最好的质量），全身，五个女孩，看着观众，手放在臀部，红眼睛，长长的波浪形白发，穿着白色连衣裙和橙色夹克，黑色裤子，椅子，城市街道，背景是城市，景深，模糊的远景"。对应的英文提示词为"（masterpiece：1.2，best quality），full body，five girls，looking at the audience，hands on hips，red eyes，long wavy white hair，wearing a white dress and orange jacket，black pants，chairs，city streets，background of city，depth of field，blurry distant view"。输入的反向提示词为"（最差质量，低质量：1.4），容易产生负面的结果"。对应的英文提示词为"（worst quality，low quality：1.4），easynegative"。

步骤4：设置迭代步数为"20"步，设置采样方法为"Euler a"，并将生成图像的尺寸设置为760×1080像素。

步骤5：开启ADetailer插件，避免人物脸部生成时出现错误。

步骤6：单击"生成"按钮，生成图像，模特的动作姿势基本还原了参考图的群像动作姿势。但是在有前后关系遮挡的情况下，会发生肢体生成错误，这是因为骨骼图无法检测前后关系，如图7.31所示。

OpenPose功能有明显优势的预处理器为dw_openpose_full预处理器。它通过增强网络结构的深度和宽度显著提高了人体关键点检测的精确度。深度增强使得模型能够捕捉更复杂的姿势信息，实现更细致的特征学习，尤其在处理复杂动作和遮挡问题时表现出色。同时，宽度的扩展增强了模型的感知范围和处理能力，使其对人体尺度的变化和姿态细节的捕捉更为敏感，确保了在多变的环境条件下都能维持高水平的识别准确性和稳定性。

OpenPose功能案例三如下。

步骤1：生成一张人物图像，将图像导入ControlNet插件，开启插件的同时选择预处理器openpose_full。ControlNet插件设置如图7.32所示。

步骤2：选定写实风格的大模型"麦橘写实"，输入的正向提示词为"一个女孩，单独"，对应的英文提示词为"1girl，solo"。

图 7.31　多人图像效果图

步骤 3：设置生成图像的尺寸与导入 ControlNet 插件的参考图尺寸一致，生成图像，如图 7.33 所示，生成了一张女孩的图像，但是生成的人物手部结构错误。

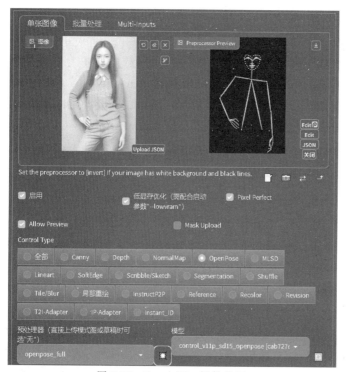

图 7.32　ControlNet 插件界面

图 7.33　女孩图像

步骤 4：将 ControlNet 插件中的 OpenPose 预处理器更换为"dw_openpose_full"预处理器，如图 7.34 所示。

步骤 5：单击"生成"按钮，生成图像，如图 7.35 所示。生成了一张女孩图像，手部的生成结构没有明显错误。

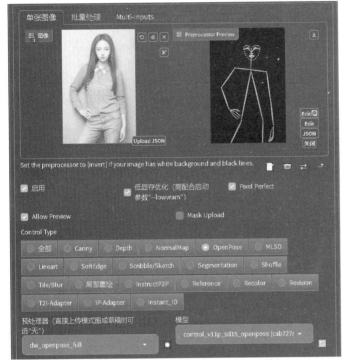

图 7.34 dw_openpose_full 预处理器选择界面 　　　　　图 7.35 女孩图像

7.3.5 MLSD（直线）

MLSD 是一种利用直线检测来生成布局或建筑结构的算法，尤其适用于室内布局的生成。通过控制画面中的直线元素，能够精细地表达一些复杂的建筑内部空间结构。然而，其依赖直线特征的探测机制使得它对于弯曲或不规则的形状有着固有的检测难度，例如人形等。MLSD 预处理器有以下两种：第一种是 mlsd 预处理器，如图 7.36 所示。另一种是 invert 预处理器，如图 7.37 所示。

图 7.36 mlsd 预处理器

图 7.37 invert 预处理器

MLSD 功能案例一如下。

步骤 1：进入文生图界面，选择大模型"麦橘写实"。

步骤 2：输入的正向提示词为"内部空间，冷色调"。对应的英文提示词为"interior

space，cool tone"。输入的反向提示词为"（最差质量,低质量：1.4）,容易产生负面的结果"。
对应的英文提示词为"（worst quality，low quality：1.4），easynegative"。

步骤3：设置迭代步数为"20"步,设置的采样方法为"Euler a",设置生成的图像尺寸为
768×512像素。

步骤4：将参考图导入ControlNet插件,开启插件的同时选择控制类型 MLSD,如
图 7.38 所示。

图 7.38　ControlNet 插件界面

步骤5：生成图像,如图7.39所示。虽然生成的图像与参考图似乎呈现不同的场景,但
它们在建筑内部空间结构,尤其是在直线结构方面展现出高度的一致性。这种现象凸显了
直线检测功能的有效性,能够精确匹配并识别出两张图像中相似的结构特征。

图 7.39　冷色调的空间图像

在 MLSD 预处理器模式下,有数值阈值（value threshold）和距离阈值（distance_
threshold)的控制选项,数值阈值控制参考图像的线条数量,阈值越大,线条越少,AI 自由发
挥的空间越大。距离阈值数值越大,画面中相对密集的线条越少。数值阈值和距离阈值的
控制条如图 7.40 所示。

图 7.40　数值阈值和距离阈值的控制条

MLSD 功能案例二如下。

步骤 1：用文生图功能生成一张室内办公空间图像，如图 7.41 所示。

图 7.41　办公空间场景图

步骤 2：将图像导入 ControlNet 插件，选择控制类型 MLSD，将数值阈值的参数调整为"0.2"，单击"预览"按钮，如图 7.42 所示。通过预览图发现白线代表了图像中的明显结构线。

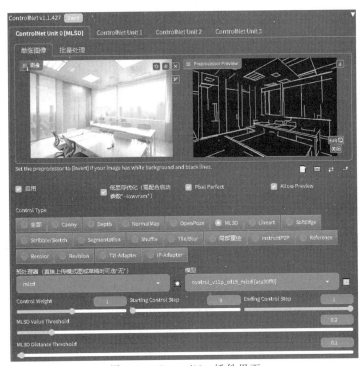

图 7.42　ControlNet 插件界面

步骤3：单击"生成"按钮，生成图像，检查生成结果，效果如图7.43所示。生成图像在结构上与参考图基本保持一致。

图7.43   mlsd预处理器数值阈值为0.2的生成效果图

步骤4：在ControlNet界面继续调整数值阈值的参数为"0.6"，单击"预览"按钮，如图7.44所示。预览图中的白色线条变少，标志着生成结果更加自由。

图7.44   ControlNet插件界面

步骤5：单击"生成"按钮，检查生成结果，如图7.45所示。生成结果开始以AI为主自由发挥。

步骤6：在ControlNet插件界面继续调整数值阈值的参数为"0.8"，单击"预览"按钮，如图7.46所示。预览图中的白色线条变得更少，标志着生成结果会基本脱离控制，以AI自

图 7.45 mlsd 预处理器数值的阈值为 0.6 的生成效果图

图 7.46 ControlNet 插件界面

由发挥为主。

步骤 7：单击"生成"按钮，生成图像，检查生成结果，如图 7.47 所示。由于高数值阈值的设置，使得生成结果与参考图的相似度大大降低。

7.3.6 Lineart（线稿）

进行图像再创作或设计中，Lineart 技术发挥了至关重要的作用。线稿是画面构成的重要元素，是艺术绘制过程的基础环节，追求的是精准与细腻。线稿的种类繁多，包括但不限于动漫线稿、写实线稿、粗略线稿以及标准线稿等。相较于 Canny 边缘检测方法，Lineart 提

图 7.47 mlsd 预处理器数值的阈值为 0.8 的生成效果图

取出的线条细节更加丰富且准确。如果把一张手绘图像导入 ControlNet 插件中，选择控制类型为 Lineart 模式，它就能提取出图像边缘的精细线条。Lineart 预处理器选择界面如图 7.48 所示。

Lineart 功能案例如下。

步骤 1：绘制一张角色线稿草图，如图 7.49 所示。

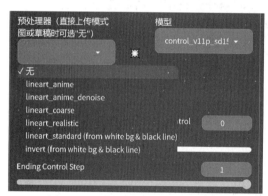

图 7.48 Lineart 预处理器选择界面

图 7.49 角色线稿草图

步骤 2：选择大模型"自由变换"，选择模型的 VAE 为"vae-ft-mse-840000-ema-pruned"，输入的正向提示词为"（杰作：1.2，最好的质量），全身，1 个女孩，看着观众，红色的眼睛，长长的波浪形白发，穿着白色连衣裙和橙色夹克，黑色裤子，简单的背景，白色背景"。对应的英文提示词为"(masterpiece：1.2, best quality), full body, one girl, looking at the audience, red eyes, long wavy white hair, wearing a white dress and orange jacket, black pants, simple background, white background"。输入的反向提示词为"（最差质量，低质量：1.4），容易产生负面的结果"。对应的英文提示词为"(worst quality, low quality：1.4), easynegative"。

步骤 3：设置迭代步数为"20"步，设置采样方法为"Euler a"，设置生成图像的尺寸为

578×768像素。

步骤4：将线稿导入ControlNet插件中,选择控制类型为Lineart,单击"预览"按钮。ControlNet插件设置如图7.50所示。

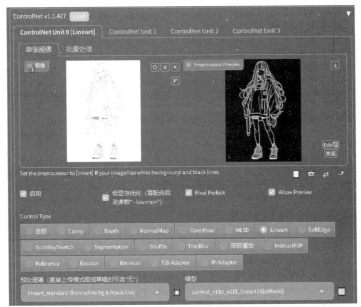

图7.50 ControlNet插件界面

步骤5：单击"生成"按钮,生成图像,其与线稿图像在形状和结构上保持了完美的一致性,同时注入了色彩和细节,如图7.51所示。

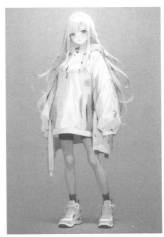

图7.51 角色效果图

Lineart有6个预处理器,在相同参数设置下的预览图与生成效果会有一些细微的差别。下面依次介绍这6个预处理器。

1. lineart_anime 预处理器

线条精细且有动漫特色,女子的面部表情和衣物细节呈现较好。图7.52为lineart_anime预处理器生成的预览图。图7.53为lineart_anime预处理器生成的效果图。

图 7.52　预览图　　　　　　　　　图 7.53　生成效果图

2. lineart_anime_denoise 预处理

该预处理器用于进行噪声消除或降噪处理，使得整张图像更清晰，视觉效果更佳。图 7.54 为 lineart_anime_denoise 预处理器生成的预览图。图 7.55 为 lineart_anime_denoise 预处理器生成的效果图。

图 7.54　预览图　　　　　　　　　图 7.55　生成效果图

3. lineart_coarse 预处理器

用于生成粗糙线稿或素描能提供更自然的手绘效果。在 Lineart 模型的使用中，可以根据需要选择不同的预处理器来满足不同的需求。如果需要线条较粗，图像风格带有一些素描感，可以选择 lineart_coarse 预处理器。图 7.56 为 lineart_coarse 预处理器生成的预览图。图 7.57 为 lineart_coarse 预处理器生成的效果图。

4. lineart_realistic 预处理器

用于生成写实物体的真实线稿或素描。这种模式强调细节和精度，以提供最接近实际的线条和形状。lineart_realistic 预处理器可以帮助设计者生成更精确、更真实的线稿或素

图 7.56 预览图

图 7.57 生成效果图

描结果。生成的线条富有真实感,效果非常适合呈现照片效果的设计需求。图 7.58 为 lineart_coarse 预处理器生成的预览图。图 7.59 为 lineart_coarse 预处理器生成的效果图。

图 7.58 预览图

图 7.59 生成效果图

5. lineart_standard(from white bg & black line)预处理器

该处理器提取的线条更加标准化,适合需要高对比度的设计风格。图 7.60 为 lineart_standard(from white bg & black line)预处理器生成的预览图。图 7.61 为 lineart_standard (from white bg & black line)预处理器生成的效果图。

6. lineart_invert(from white bg & black line)预处理器

专门用于处理输入的图像,实现颜色反转,从而产生一种类似底片反转的视觉效果。它在特定的应用场景中尤其有用,比如对白底黑线的图像进行处理。图 7.62 为 lineart_invert (from white bg & black line)预处理器生成的预览图。图 7.63 为 lineart_invert (from white bg & black line)预处理器生成的效果图。

图 7.60　预览图

图 7.61　生成效果图

图 7.62　预览图

图 7.63　生成效果图

7.3.7　SoftEdge(软边缘)

SoftEdge 提取的边缘比较柔和。类似于线性艺术,在其作品的生成过程中,可以看到边缘过渡的柔和与平滑效果。SoftEdge 模型的功能超出了普通的边缘检测,可以识别和区分一张图像上各种各样的边缘,例如直线和圆形等形状的边缘。与其他传统的边缘检测算法相比,在实际应用中,SoftEdge 模型可以应用于图像分割、目标检测、图像识别等多种任务。它可以帮助算法更准确地识别和定位图像中的物体边缘,同时因为其提供的边缘信息相对模糊,使算法在处理图像时能更自然地考虑图像中的噪声和不确定性,使处理复杂图像任务时有更好的表现。SoftEdge 有 4 种不同的预处理器,分别具有不同的功能和特点。

1. softedge_hed 预处理器

这是一种边缘检测的预处理方法,主要用于提取图像的主要轮廓信息,使模型生成清晰自然的线稿或素描效果。softedge_hed 预处理器可以保留原图中的更多细节,图像的完整性比较好。它在涂鸦模式和线稿填色场景中常见,以帮助模型更好地理解和处理图像中的边缘信息。图 7.64 为原图,图 7.65 为 softedge_hed 预处理器根据原图生成的预览图。

图 7.64　原图　　　　　　　图 7.65　预览图

2. softedge_hedsafe 预处理器

这个预处理器防止进行边缘检测时生成的图像出现不良内容。在边缘检测过程中,可能会产生一些误导信息,对图像内容产生不良影响,softedge_hedsafe 通过某种方式避免这种情况,以确保生成的图像质量更可靠、更安全。图 7.66 为原图,图 7.67 为 softedge_hedsafe 预处理器根据原图生成的预览图。

图 7.66　原图　　　　　　　图 7.67　预览图

3. softedge_pidinet 预处理器

这种预处理器在进行边缘检测中考虑网络传输的延迟和误差,从而提高边缘检测的精度和稳定性。softedge_pidinet 可以合理地保留图像中的主体,忽略一些细节。图 7.68 为原图,图 7.69 为 softedge_pidinet 预处理器根据原图生成的预览图。

4. softedge_pidisafe 预处理器

这种预处理器在进行边缘检测时,既考虑网络传输的延迟和误差,获得精确稳定的结

图 7.68　原图　　　　　　　　　图 7.69　预览图

果,也保证生成图像的质量更可靠、更安全。图 7.70 为原图,图 7.71 为 softedge_pidisafe 预处理器根据原图生成的预览图。

SoftEdge 功能案例如下。

步骤 1：用文生图功能生成一张写实风格女性,如图 7.72 所示。

图 7.70　原图　　　　　　图 7.71　预览图　　　　　图 7.72　写实风格女性图像

步骤 2：选择一个二次元风格的大模型“自由变换”,输入的正向提示词为“杰作,最好的质量,多个女孩,白色上衣,牛仔裤,大衣,户外,城市街道的背景”。对应的英文提示词为“masterpiece, best quality, multiple girls, white top, jeans, coat, outdoor, city street background”。输入的反向提示词为“不正确的人体结构,低分辨率,解剖结构不好,手不好,文本,错误,手指缺失,多余的数字,裁剪,最差质量,低质量”。对应的英文提示词为“incorrect human body structure, low resolution, poor anatomical structure, poor hands, text, errors, missing fingers, extra numbers, cropping, worst quality, low quality”。

步骤 3：设置迭代步数为“20”步,设置采样方法为“Euler a”,设置生成图像的尺寸为 512×768 像素。

步骤4：将图像导入ControlNet插件，选择控制类型为SoftEdge，ControlNet插件设置如图7.73所示。

步骤5：单击"生成"按钮，生成图像。通过观察发现，SoftEdge模型能够提供更加模糊、柔性的边缘信息，即它给出的是一个相对宽泛的边缘范围，而不是精确的边缘信息。这种特性使得SoftEdge模型处理复杂或多变的图像时显示出很大的灵活性。效果如图7.74所示。

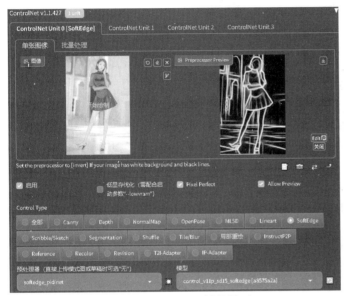

图7.73　ControlNet插件界面

图7.74　生成效果图

7.3.8　Scribble（涂鸦）

Scribble是一种通过简单涂鸦创作图像的方式。若使用特定图像，可上传照片供WebUI识别。Scribble包含3个预处理器：scribble_hed预处理器、scribble_pidinet预处理器以及scribble_xdog预处理器。

Scribble功能案例一如下。

步骤1：利用绘图软件涂鸦一只小狗的草图，如图7.75所示。

步骤2：选择大模型"NORFLEET光影2.5D融合"。输入的正向提示词为"杰作，最好的质量，1只棕色小狗，泰迪狗，卡哇伊"。对应的英文提示词为"masterpiece，best quality，1 brown puppy，teddy dog，kawaii"。输入的反向提示词为"分辨率低，解剖结构不好，文本，错误，多余的数字，裁剪，最差质量，低质量，签名，水印，用户名，模糊"。输入的英文提示词为"low resolution，poor anatomical structure，text，errors，redundant numbers，cropping，worst quality，low quality，signature，watermark，usernames，blurry"。

图7.75　小狗草图

步骤3：设置迭代步数为"20"步，设置采样方法为"Euler a"，设置生成图像的尺寸为512×768像素。

步骤4:将小狗涂鸦图像导入 ControlNet 插件中,选择控制类型为 Scribble,选择 scribble_pidinet 预处理器。ControlNet 插件设置如图7.76所示。

步骤5:单击"生成"按钮,生成图像,检查生成结果,效果如图7.77所示。通过简单的涂鸦,可以得到一只充满细节的小狗图像。

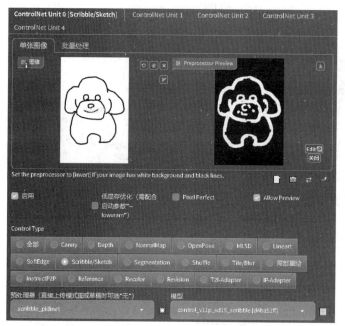

图 7.76　ControlNet 插件界面

图 7.77　小狗图像

Scribble 功能案例二如下。

步骤1:使用文生图功能生成一张室内女孩图像,效果如图7.78所示。

步骤2:输入的正向提示词为"一个女孩,银发,户外,咖啡色,植物,完美的质量,8k"。对应的英文提示词为"a girl, silver hair, outdoors, coffee color, plant, perfect quality, 8k"。输入的反向提示词为"(最差质量:2),低质量,背对,看向别处,糟糕的解剖结构,糟糕的手,文本,错误,丢失的手指,多余的数字,糟糕的身体,糟糕的比例,粗略的比例"。对应的英文提示词为"(worst quality:2), low quality, facing backwards, looking elsewhere, poor anatomical structure, poor hands, text, errors, missing fingers, extra numbers, poor body, poor proportions, rough proportions"。

步骤3:将生成的图像导入 ControlNet 插件,启用插件的同时选择控制类型为 Scribble,选择预处理器"scribble_hed"。单击"预览"按钮。ControlNet 插件设置如图7.79所示。

步骤4:单击"生成"按钮,生成图像,通过观察发现 scribble_hed 预处理器是整体嵌套边缘检测,捕捉物体的轮廓图。改变提示词,将环境由室内变为室外,衣服由学生服变为工装。通过边缘检测的生成图像与参考图的轮廓结构十分相似,但是又有自由发挥的部分,生成效果如图7.80所示。

步骤5:切换 Scribble 的预处理器为 scribble_pidinet。单击"预览"按钮,如图7.81所示。

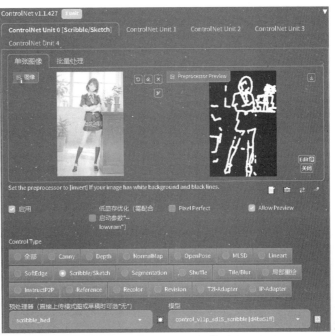

图 7.78 室内女孩图像

图 7.79 ControlNet 插件界面

图 7.80 scribble_hed 预处理器
生成的效果图

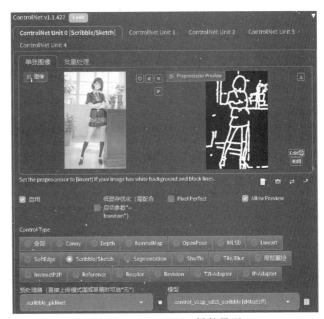

图 7.81 ControlNet 插件界面

步骤6：单击"生成"按钮，生成图像，效果如图7.82所示。通过生成图和参考图发现，scribble_pidinet预处理器是像素差异网络（pidinet），用于检测直线和曲线的边缘。使用scribble_pidinet通常会得到更准确、更清晰的线条，但可能牺牲部分细节。

步骤 7：切换 Scribble 的预处理器为 scribble_xdog，如图 7.83 所示。

图 7.82　scribble_pidinet 预处理器
　　　　　生成的效果图

图 7.83　ControlNet 插件界面

步骤 8：单击"生成"按钮，生成图像，检查生成结果，效果如图 7.84 所示。通过对比生成图和参考图发现，scribble_xdog 预处理器是另一种边缘检测技术，其特点是阈值可调，以得到不同的图像结果。阈值越低，参考图的细节就保留得越多，阈值数值越高，参考图的细节保留得就越少，AI 自由发挥的空间也就越多。

步骤 9：调整阈值数值，由默认的"32"变为"64"。单击"生成"按钮，生成图像，检查生成结果。参考图的细节变少，AI 自由发挥的空间变大，如图 7.85 所示。

图 7.84　scribble xdog 预处理器
　　　　　生成的效果图

图 7.85　scribble_xdog 预处理器的
　　　　　阈值为 64 生成的效果图

7.3.9　Segmentation（语义分割）

语义分割简称 Seg，其在各种应用中越来越常见。Seg 会标记参考对象中的类型，根据不同颜色将参考对象划分为不同的色块标记，以便更容易地操作和控制图像。这就像把一幅画分解成各色块，以便更具细节且精确地处理图像。语义分割有以下 3 个预处理器。

1. seg_ofade20k 预处理器

该预处理器是依据 ADE20K 数据集训练的，专门用于图像分割，可以准确地辨识图像中的不同物体和元素。它主要应用于动物、植物、人造物品等对象的精确分割，对图像进行前处理和特征提取，使得后续的分割任务效果更佳。

2. seg_ofcoco 预处理器

该预处理器基于 COCO 数据集，适用于识别图像中的多样物体及内容。由于 COCO 数据集具有多样性，因此该预处理器训练的模型能够学习丰富的物体和场景，进行图像分割时能够提供细致的区域划分，其广泛应用于目标检测、图像识别和生成等领域。

3. seg_ufade20k 预处理器

该预处理器专注于图像的分割和着色。首先它将灰度图像进行精确分割，随后使用 GAN 为分割后的区域上色，以创造出质量高又具有真实感的彩色图像。

总的来说，ControlNet 插件中的这 3 个预处理器通过深度学习模型对图像进行分割，识别出图像中的各种物体和场景，并且根据不同的数据集特性为后续的图像处理任务提供精确的区域分割和信息理解。

Segmentation 功能案例一如下。

步骤 1：生成一张室内场景效果图，如图 7.86 所示。

图 7.86　室内场景效果图

步骤 2：将图像导入 ControlNet 插件中，启用插件的同时打开允许预览选项。选择预处理器为 seg_ofade20k，Seg 模型会自动给每一个物件标识不同的颜色，如图 7.87 所示。

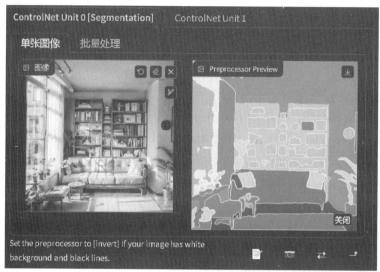

图 7.87　seg_ofade20k 预处理器生成的预览图

步骤 3：输入的正向提示词为"白天，背光摄影，真实，杰作，最佳质量，高清，8K，工业风格，水泥地面，绿色墙壁，金属书架，金属桌椅，黄色花盆，植物"。对应的英文提示词为"during the day，backlight photography，realistic，masterpiece，best quality，high-definition，8K，industrial style，cement floor，green walls，metal bookshelves，metal tables and chairs，yellow flower pots，plants"。

步骤 4：生成图像。通过对比参考图和生成图发现，尽管纹理材质有很大变化，但两幅室内场景图的结构仍然保持高度一致，效果如图 7.88 所示。

图 7.88　室内场景

Segmentation 功能案例二如下。

步骤1：生成一张室外场景图像，效果如图7.89所示。

图7.89　室外场景效果

步骤2：打开ControlNet面板，导入室外场景，启用插件的同时打开允许预览选项。选择控制类型为Seg，选择预处理器为seg_ofcoco，Seg会自动给每一个物件标识不同的颜色，如图7.90所示。

图7.90　seg_ofcoco预览图

步骤3：输入的正向提示词为"白天，背光摄影，真实，杰作，最佳质量，高清，8K，晴朗的一天，早晨，人行道，路径，未来的建筑"。对应的英文提示词为"daytime, backlight photography, realistic, masterpiece, best quality, high definition, 8K, sunny day, morning, sidewalks, paths, future buildings"。

步骤4：单击"生成"按钮，通过对比参考图和生成图发现，两幅图的空间结构仍然保持高度一致，但生成的画面发生了显著变化，效果如图7.91所示。

图 7.91 室外场景

7.3.10 Shuffle(随机洗牌)

Shuffle 功能类似油画调色板,其中颜色被混合,并根据流体重新生成来创建新的形象。Shuffle 利用随机流对图片进行重新排序,再重塑图片。Shuffle 功能打破了图像的空间结构,以增加多样性和随机性,将低质量图像转换为高质量图像。该功能适合增强图像中的特定特征,如颜色、纹理等。新的生成图像会与原始图像保持某种程度的相似性。

Shuffle 功能案例如下。

步骤 1:准备一张女性肖像图像。选择"counterfeit"二次元风格的大模型。输入的正向提示词为"逼真,照片真实感,最佳质量,杰作,超高分辨率,精细细节,质量,逼真的照明,详细的皮肤,复杂的细节,原始照片,女孩,发饰,花,长发,看着观众,发花,上身,刘海,棕色头发,连衣裙,珠宝,棕色眼睛,项链,多色头发,蓝色连衣裙,中等胸部,黑色头发"。对应的英文提示词为"realistic, photo realistic, best quality, masterpiece, ultra-high resolution, fine details, quality, realistic lighting, detailed skin, complex details, original photos, girl, hair accessories, flowers, long hair, looking at the audience, hair flower, upper body, bangs, brown hair, dress, jewelry, brown eyes, necklace, multicolored hair, blue dress, medium chest, black hair"。输入的反向提示词为"最差质量,低质量,抽象艺术,卡通,概念图,图形,低分辨率,单色,灰度,文本,字体,徽标,版权,水印,签名,用户名,模糊,重复,背光,联系人,多余的数字,多视图,多角度"。对应的英文提示词为"worst quality, low quality, abstract art, cartoons, concept images, graphics, low resolution, monochrome, grayscale, text, font, logo, copyright, watermark, signature, username, blurry, duplicate, backlight, contacts, extra numbers, multi view, multi angle"。

步骤 2:设置采样迭代步数为"20"步,设置采样方法为"Euler a",设置图像的生成尺寸为 1024×1024 像素。设置生成批次为"1"批,每批数量为"1"张。

步骤 3:将图像导入 ControlNet 面板,在启用插件的同时打开允许预览选项。设置控制类型为 Shuffle,如图 7.92 所示。

步骤4：单击"生成"按钮，生成一张女孩图像，效果如图7.93所示。生成图像在很多细节和特点上与参考图保持一致，如图7.93所示。

图7.92　Shuffle预览图　　　　　　　　　图7.93　女孩图像

7.3.11　Tile（分块）

Tile将图像拆分为一个网格，生成无缝重复图案。它通常将整个图像分解为许多小块，并为每个小块分配一种颜色。Tile对于生成高清图像的帮助非常大，用于在高清修复过程中补充原图缺失的细节，再根据提示词生成新的细节。该模型可以修复原图中的不良细节，并增加额外的图像细节，模型处理后的图像细节上的表现更加出众。Tile有3个预处理器，分别是tile_resample预处理器、tile_colorfix＋sharp预处理器以及tile_colorfix预处理器。

Tile功能案例一如下。

步骤1：准备一张模糊的女孩图像，如图7.94所示。

步骤2：将模糊图像导入ControlNet插件中，选择控制类型为Tile，选择预处理器为tile_resample，图像的生成尺寸与参考图保持一致。单击"生成"按钮。通过对比发现，Tile功能可以将模糊的图像修复清晰，而且增加了很多细节，如图7.95所示。

图7.94　模糊的女孩图像　　　图7.95　清晰的女孩图像

Tile功能案例二如下。

输入有正向提示词为"紫色的头发,红色衣服"。对应的英文提示词为"purple hair,red clothes"。将人物图像导入ControlNet插件中,选择控制类型为Tile,单击"生成"按钮,生成紫色头发的女孩,如图7.96所示。即Tile可以识别和控制颜色。

Tile功能案例三如下。

步骤1:将人物图像导入ControlNet插件中,选择控制类型为Tile,选择tile_colorfix预处理器,它增加了"变化"功能。变化功能的默认数值是"8",将数值设置为"16",如图7.97所示。

图7.96 紫色头发的女孩   图7.97 设置变化功能界面

步骤2:生成图像,如图7.98所示,生成了女孩的图像。通过对比生成图发现,数值越高,生成图像的细节越多,颜色的饱和度也会增加。

Tile功能案例四如下。

步骤1:将人物图像导入ControlNet插件中,选择控制类型为Tile,选择tile_colorfix+sharp预处理器,它增加了"变化"(variation)和"锐化"(sharpness)功能,如图7.99所示。

图7.98 女孩图像   图7.99 变化与锐化功能

步骤2：将变化数值调整为"16"，锐化数值调整为"2"。单击"生成"按钮，生成了一张女孩图像。图像的锐化程度提高，饱和度也相应增加，效果如图7.100所示。

步骤3：将变化数值调整为"32"，锐化数值调整为"2"。单击"生成"按钮，效果如图7.101所示，通过对比生成图像发现，随着锐化值的增加，生成的图像也对应增加更多的细节与饱和度。

图7.100　女孩图像　　　　　　　　图7.101　女孩图像

7.3.12　Inpaint（局部重绘）

该功能常用于图像调整。与图生图界面中的局部重绘略有区别的一点是ControlNet的Inpaint模型可以更好地将重绘区域与整体画面融合，让整体图像看起来更加和谐统一。在处理物体边缘的效果上，ControlNet的局部重绘处理效果更理想。二者之间都是通过画笔选择修改的图像区域，形成一个蒙版，然后结合一些提示词生成全新的细节图像。这项技术可以改变被选择区域中的内容。Inpaint的预处理器有三种，分别是inpaint_global_harmonious预处理器、inpaint_only预处理器及inpaint_only＋lama预处理器。

Inpaint功能案例一如下。

步骤1：生成一张戴帽子的女孩图像，如图7.102所示。

步骤2：将图像导入ControlNet插件中，开启插件的同时选择控制类型为Inpaint。用画笔功能在图像的帽子部位涂抹，将帽子完全遮盖，建立一个帽子蒙版，效果如图7.103所示。

步骤3：在默认设置下，Inpaint控制类型自动匹配inpaint_only预处理器，将提示词里的"帽子"更改为"礼帽"，使提示词更加具体。单击"生成"按钮，如图7.104所示。帽子发生了改变。其他部分图像保持不变。

Inpaint功能案例二如下。

步骤1：生成一张尺寸为640×1024像素的街头女孩图像，效果如图7.105所示。

图7.102　戴帽子的女孩

图 7.103　局部重绘

图 7.104　生成效果图

步骤 2：将图像导入 ControlNet 插件中,启用插件的同时选择控制类型为 Inpaint。选择预处理器为 inpaint_global_harmonious,同时将画面的宽度尺寸调整为 1024 像素,使画面发生尺寸变化。选择画面的缩放模式为"Resize and Fill",设置如图 7.106 所示。

图 7.105　街头女孩

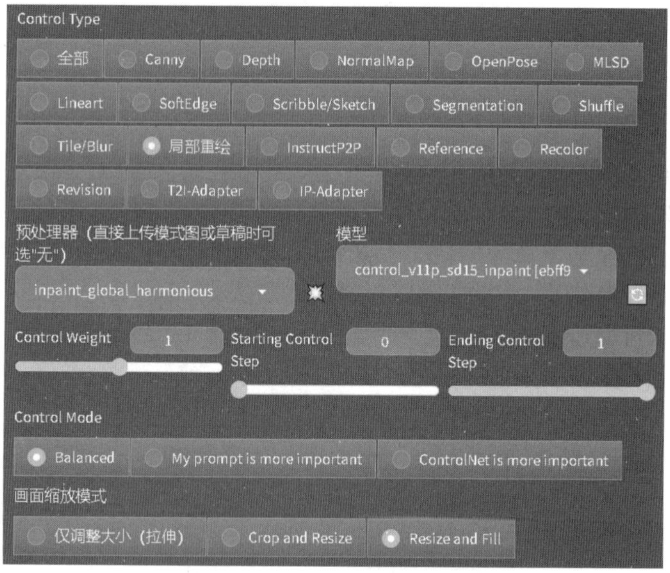

图 7.106　ControlNet 插件界面

步骤 3：生成图像,发现在 inpaint_global_harmonious 预处理器下生成的图像对整张图像都进行了修复和细节处理,其中人物的脸部也进行了重新生成处理,导致了人物脸部生成时出现质量下降的情况,如图 7.107 所示,图像两边增加的尺寸填充了合理的内容。

步骤 4：更换 inpaint-only 预处理器生成图像,如图 7.108 所示。inpaint-only 并没有改变原始内容,而是直接补充了因尺寸变化而多出的部分,且补充效果良好。

步骤 5：更换 inpaint＋lama 预处理器生成图像。inpaint＋lama 预处理器与 inpaint-only 预处理器一样,并没有改变原始内容,而是直接补充了因尺寸变化而多出的部分,且补

图 7.107　街头女孩

图 7.108　街头女孩

充效果良好，如图 7.109 所示。

图 7.109　街头女孩

　　通过总结，发现 inpaint_global_harmonious 预处理器通过引入全局和谐性的概念，对图像的各个部分进行有机整合和修复，生成具有更高美学价值和视觉效果的图像。而 inpaint-Only 预处理器可直接提供高品质的图像修复功能，适用于图像重绘或对象移除等任务，而无需额外的指导提示词。inpaint＋lama 预处理器结合了自动填充的上采样设计理念，然后使用 Stable Diffusion 生成最终的图像。

　　三者的区别在于：inpaint_global_harmonious 预处理器具有更好的全局视野和修复效果，inpaint_only 预处理器只使用 inpaint 模型进行图像处理，inpaint_only＋lama 预处理器结合了 inpaint 模型和 lama 预处理器进行图像处理。

7.3.13　IP-Adapter

　　IP-Adapter 模型是一个用于风格转换的深度学习模型，它可以将图像和参考图融合，生成具有参考图风格的新图像。同时该模型更新了 FaceID 的预处理器和模型以及 LoRA

模型,通过三者的配合实现人脸图像生成的一致性。

IP-Adapter-FaceID 的安装如下。

步骤1:进入下载网址下载 ControlNet 模型以及 LoRA 模型,如图 7.110 所示。

图 7.110　IP-Adapter-FaceID 模型

步骤2:将后缀为"bin"的文件放入 ControlNet 模型文件夹,将 LoRA 模型放入存储 LoRA 模型的文件夹。

步骤3:首次运行插件,后台会自动安装文件,等待即可。FaceID 的使用方法是在 ControlNet 插件中选择 ip-adapter_face_id_plus 预处理器,在模型中选择 ip-adapter-faceid-plusv2_sd15,同时添加 LoRA 模型。共同完成图像生成。

IP-Adapter-FaceID 功能案例如下。

步骤1:选择写实风格"麦橘写实"大模型。

步骤2:输入的正向提示词为"(照片真实感,最佳质量,超高分辨率),(一个女孩,单独),白色高领毛衣,黑色裤子,室内,(教室),长发,看着观众,棕色头发,黑色头发,眼睛之间的头发,闭着嘴,项链,黑眼睛,肖像,逼真,站着,(全身:1.4)"。对应的英文提示词为 "(photorealistic, best quality, ultra high res), (1girl, solo), white high necked sweater, black pants, indoors, (classroom), long hair, looking at viewer, brown hair, black hair, hair between eyes, closed mouth, necklace, black eyes, portrait, realistic, standing, (full body:1.4), <LoRA:ip-adapter-faceid-plusv2_sd15_LoRA:1>"。输入的反向提示词为 "容易产生负面的结果,(背光),(水印,徽标),解剖结构差,手指少,手指多,(手多),手差,草图,(低质量:2),(最差质量:2)"。对应的英文提示词为 "easynegative, (backlight), (watermark, logo), poor anatomical structure, fewer fingers, extra fingers, (extra hands), poor hands, sketches, (low quality:2), (worst quality:2)"。

步骤3:设置迭代步数为"20"步,选择采样方法为"DPM＋＋ 2M Karras"。图像的生成尺寸为 768×1024 像素。设置生成批次为"1"批,设置每批数量为"1"张。

步骤4:将一张脸部参考图导入 ControlNet 插件中,选择控制类型为 IP-Adapter,选择 ip-adapter_face_id_plus 预处理器,选择模型为 ip-adapter-faceid-plusv2_sd15 模型,如图 7.111 所示。

步骤5:生成图像,如图 7.112 所示。人物脸部高度还原了参考图像。

步骤6:切换大模型为动漫风格大模型"自由变换"。再次单击"生成"按钮,生成了一张动漫风格的女孩图像,如图 7.113 所示。动漫风格的人物脸部与参考图也十分接近。

步骤7:在创作中,如果要生成侧脸人物形象,就要上传侧脸人物形象参考图。将 ControlNet 插件中的女性正面参考图替换为男性侧脸参考图,如图 7.114 所示。

步骤8:修改正向提示词,将"女孩"改为"男人",去掉"长发"关键提示词。修改后的正向提示词为 "(photorealistic, best quality, ultra high res), (1man, solo), white high necked sweater, black pants, indoors, (classroom), looking at viewer, brown hair, black

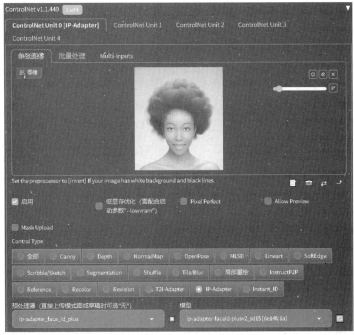

图 7.111　ControlNet 插件界面

图 7.112　写实风格换脸人像

图 7.113　动漫风格女孩

hair，hair between eyes，closed mouth，necklace，black eyes，portrait，realistic，standing，(full body:1.4)，<LoRA:ip-adapter-faceid-plusv2_sd15_LoRA:1>"。

步骤 9：生成图像，如图 7.115 所示。生成了一张动漫风格的侧脸男孩角色。

步骤 10：切换写实风格大模型"麦橘写实"。生成图像，如图 7.116 所示。人物的脸部与参考图保持了高度相似性。

> 提示：提示词中需要加入 FaceID 专门的 LoRA 模型，才能完成人脸一致性控制。

图 7.114　ControlNet 界面

图 7.115　动漫风格侧脸男孩

图 7.116　写实风格侧脸男孩

IP-Adapter 功能案例一如下。

步骤 1：选择大模型"自由变换"。

步骤 2：调整生成尺寸与参考图尺寸一致。不输入任何提示词，参数设置为默认。

步骤 3：将一张写实风格的女孩插图导入 ControlNet 插件，选择控制类型为 IP-Adapter，选择模型为 ip-adapter-plus_sd15 ，如图 7.117 所示。

步骤 4：单击"生成"按钮，生成女孩图像，通过对比生成图与参考图。生成的图像风格发生了改变，但是生成内容继承了参考图，如图 7.118 所示。

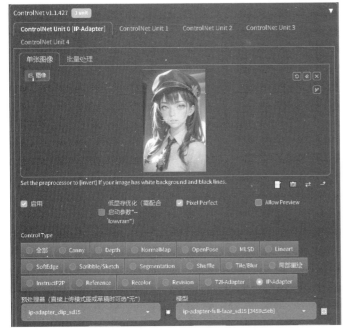

图 7.117 ControlNet 插件界面

图 7.118 女孩图像

IP-Adapter 功能案例二如下。

步骤 1：在设置面板中找到 ControlNet 控制模块，调整插件模块数量为"5"，如图 7.119 所示。

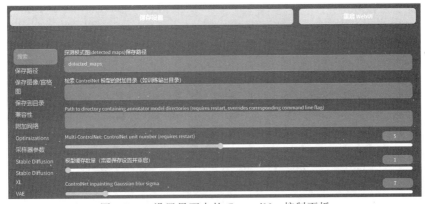

图 7.119 设置界面中的 ControlNet 控制面板

步骤 2：保存设置，重启 WebUI，界面中出现多个 ControlNet 控制模块，如图 7.120 所示。需要多少个 ControlNet 插件控制模块可以根据实际情况而定，设置界面最多可以调整 10 个 ControlNet 插件控制模块同时出现。

图 7.120 多个 ControlNet 控制模块

步骤3：将生成的室内效果图像导入 ControlNet 插件，选择第一个控制类型为 IP-Adapter，如图 7.121 所示。

图 7.121　ControlNet 插件界面

步骤4：选择另外一个 ControlNet 插件的控制类型为 Depth，同时上传另外一张室内办公场景图像，如图 7.122 所示。

图 7.122　Depth 设置

步骤5：单击"生成"按钮，使用 IP Adapter 与 Depth 配合，两张图像的元素与风格进行了融合，生成了一张融合场景，效果如图 7.123 所示。

图 7.123　IP Adapter 生成图

7.3.14　Reference（参考）

Reference 允许直接利用图像作为样本来指导风格迁移或图像转换，而无须依赖预设模型或复杂的参数设定。这种方法的主要优点是操作简便。目前，Reference（参考）有 3 个预处理器：reference_adain 预处理器、reference_adain＋attn 预处理器、reference_only 预处理器。其中 reference_only 预处理器迁移能力最强，适用于迁移脸型、图案纹理和光影等元素。reference_adain 预处理器受提示词影响较大，会改变构图，速度最快。reference_adain＋attn 预处理器相当于前两个预处理器的结合，会改变图片质量和滤镜。通过 Reference，还可以结合其他 ControlNet 模型共同创作生成图像。

Reference 功能案例如下。

步骤1：生成一张女孩图像，如图 7.124 所示。

图 7.124　女孩图像

步骤 2：将图像导入 ControlNet 插件中，选择控制类型为 Reference，选择预处理器为 reference_only，风格保真度（Style Fidelity）参数调整为"0.5"，可以将其简单地理解为与参考图的相似度。ControlNet 插件界面如图 7.125 所示。

步骤3：输入的正向提示词为"一个女孩，单独，肖像，室内环境，咖啡馆，深色毛衣最佳质量，8k，逼真的细节"。对应的英文提示词为"a girl，solo，portrait，indoor environment，coffee shop，dark sweater of the best quality，8k，realistic details"。

步骤4：单击"生成"按钮，生成女孩图像，通过对比参考图和生成图像发现，Reference可以很好地将参考图像的光影以及面部结构迁移至生成的图像中，如图7.126所示。

图7.125 ControlNet插件界面

图7.126 女孩图像

7.3.15 T2I-Adapter

T2I-Adapter属于扩散模型，模型占用空间小，可开发利用的功能较多，本节主要介绍模型的风格转移功能。目前的预处理器有3种：t2ia_color_grid处理器、t2ia_sketch_pidi处理器以及t2ia_style_clipvision处理器。

T2I-Adapter功能案例一如下。

步骤1：通过文生图得到一张色彩丰富的女孩图像。

步骤2：将图像导入ControlNet插件，选择控制类型为T2I-Adapter，选择预处理器为t2ia_color_grid。单击"预览"按钮，此时肖像已经分解成了多个色块，如图7.127所示。

步骤3：更换写实风格大模型"ReVAnimated"，输入的正向提示词为"一个女孩，单独，最佳质量，8k"。对应的英文提示词为"a girl，solo，best quality，8k"。输入的反向提示词为"(最差质量，低质量：2)，单色，曝光过度，水印，解剖结构不好，文本，标志，最糟糕的脸"。对应的英文提示词为"（worst quality，low quality：2），monochrome，overexposure，watermark，poor anatomical structure，text，logo，worst face"。

步骤4：设置采样迭代步数为"20"步，选用采样方法为"Euler a"，设置图像的生成尺寸为1024×1024像素。设置生成批次为"1"批，每批数量为"1"张。

步骤5：生成图像，发现图像的颜色发生了迁移，同时形象也发生了一些迁移，并没有受到太多的提示词影响，如图7.128所示。

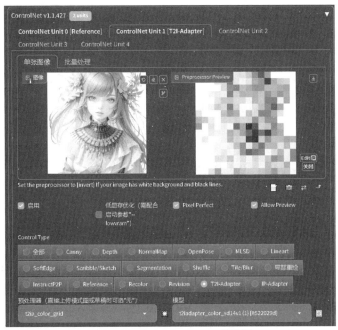

图 7.127　t2ia_color_grid 预览图

T2I-Adapter 功能案例二如下。

步骤 1：通过文生图功能生成一个场景插画作品，如图 7.129 所示。

图 7.128　生成图像

图 7.129　场景插画

步骤 2：将场景插画导入 ControlNet 插件中，选择控制类型为 T2I-Adapter，选择预处理器为 t2ia_color_grid，单击"预览"按钮，预览效果如图 7.130 所示。

步骤 3：输入的正向提示词为"女孩，坐姿，校服，坐在咖啡馆里，喝咖啡，室内场景，植物，咖啡，最好的质量，全景，前景"。对应的英文提示词为"girl, sitting posture, school uniform, sitting in a cafe, drinking coffee, indoor scene, plants, coffee, best quality, panoramic view, foreground"。输入的反向提示词为"（最差质量，低质量：2），单色，曝光过度，水印，解剖结构不好，文本，标志，最糟糕的脸"。对应的英文提示词为"（worst quality,

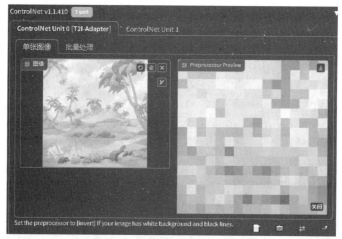

图 7.130　t2ia_color_grid 预览图

low quality：2），monochrome，overexposure，watermark，poor anatomical structure，text，logo，worst face"。

步骤 4：设置采样迭代步数为"20"步,设置采样方法为"Euler a",设置图像的生成尺寸为 1024×1024 像素。设置生成批次为"1"批,每批数量为"1"张。

步骤 5：单击"生成"按钮,生成效果如图 7.131 所示,发现场景插画的颜色迁移到了人物场景作品中。

图 7.131　生成效果图

T2I-Adapter 功能案例三如下。

步骤 1：在文生图界面,选择大模型"NORFLEET 光影 2.5D 融合"。输入的正向提示词为"岛屿,椰子树,海浪,云,岛屿,珊瑚礁,植物,热带雨林,大视角,高视角,(广角：1.3),杰作,最佳质量,令人惊叹,大气,史诗,景深"。对应的英文提示词为"islands, coconut trees, waves, clouds, islands, coral reefs, plants, tropical rainforests, large and high angles (wide angle：1.3), masterpieces, best quality, stunning, grand, epic, depth of field"。输入的反向提示词为"容易产生负面的结果,低分辨率,文本,错误,多余的数字,较少的数字,裁剪,最差质量,低质量,jpeg伪影,签名,水印,用户名,模糊,不宜在工作场景中查看的内容"。对应的英文提示词为"easynegative, low resolution, text, errors, extra numbers, fewer numbers, cropping, worst quality, low quality, jpeg artifacts, signatures, watermarks, usernames, blurring, nsfw"。

步骤2:设置迭代步数为"30",选择采样方法为"DPM++ 2M Karras",设置图像的生成尺寸为1024×1024像素,如图7.132所示。

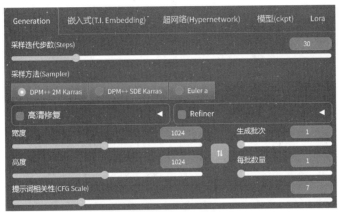

图7.132 生成参数界面

步骤3:将之前生成好的岛屿场景插图导入ControlNet插件。选择控制类型为T2I-Adapter,选择预处理器为t2ia_sketch,选择t2iadapter_sketch_sd15v2模型,如图7.133所示。

步骤4:单击"生成"按钮,生成了一张新的岛屿场景图,通过观察发现该功能与ControlNet插件的Canny、SoftEdge功能类似,也是通过图像边缘控制生成内容,如图7.134所示。

图7.133 t2ia_color预览图

图7.134 岛屿场景

T2I-Adapter功能案例四如下。

步骤1: 提示词与之前的案例提示词保持一致。参数设置与之前的案例参数保持一致。

步骤2: 将同样的场景插图放入 ControlNet 插件,选择控制类型为 T2I-Adapter,选择预处理器为 t2ia_style_clipvision,选择对应的 t2iadapter_style_sd14v1 模型,如图 7.135 所示。

图 7.135 ControlNet 插件设置

步骤3: 单击"生成"按钮,生成图像,通过对比发现生成的图像实现了参考图的风格与内容的转化,两张图看起来完全不同,却有很多相似之处,效果如图 7.136 所示。

图 7.136 t2ia_style_clipvision 预处理器生成图像

7.3.16 Recolor(重新上色)

Recolor 最大的功能是可以对黑白图像进行罩色,改变原有图像的颜色。Recolor 有两个预处理器：recolor_luminance 预处理器提取图像特征信息时注重颜色的亮度，实测大部分情况下这个效果更好。而 recolor_intensity 预处理器提取图像特征信息时注重颜色的饱和度。

Recolor 功能案例如下。

步骤1：上传一张黑白人物图像到 ControlNet 插件中，如图 7.137 所示。选择 recolor_intensity 预处理器，选择 ioclab_sd15_recolor 模型，不输入任何提示词，生成图像，得到了一张彩色人物图像，如图 7.138 所示。

步骤2：输入的正面提示词为"紫色头发，粉色衬衫"，对应的英文提示词为"purple hair，pink shirt"。再次生成图像，如图 7.139 所示。Recolor 可以根据提示词对图像进行颜色渲染。

图 7.137　黑白人物　　　　图 7.138　彩色人物　　　　图 7.139　Recolor 提示词上色效果

提示：ioclab_sd15_recolor 模型需要在 Hugging Face 网站单独下载。

7.3.17　InstructP2P

InstructP2P 模型是一种创新的图像编辑工具，它通过理解人类的自然语言指令对图像进行编辑。此模型的独特之处在于其接收两种输入：一张原始图像和一条编辑指令。根据用户提供的指令，InstructP2P 能够对图像进行精准编辑，同时保持图像的原始质感和细节。InstructP2P 模型的优势在于其能够根据提示词解析用户的编辑意图，并将其应用于图像，创造丰富的视觉效果。这种模型不仅适用于一般的场景和物体图像编辑，也同样适用于人像。尽管该功能在执行提示词生成意图时有可能破坏画面，生成不合理的画面内容，但是 InstructP2P 模型为图像编辑提供了一种直观、灵活且功能强大的方法。

InstructP2P 功能案例如下。

步骤1：使用文生图功能生成一张房屋的图像，如图 7.140 所示。

步骤2：在文生图界面选择写实风格大模型"ReVAnimated"，输入的正向提示词为"让它着火"，对应的英文提示词为"make it fire"。

步骤3：将图像导入 ControlNet 插件，选择控制类型为 InstructP2P。使生成图像的尺寸与导入插件的图像尺寸比例保持一致。

步骤4：生成图像，如图 7.141 所示。图像结构没有发生改变，但是与提示词要求一致，

图 7.140 房屋

图 7.141 着火的房子

房屋着火了。

步骤 5：修改提示词为"让它成为冬天"，对应的英文提示词为"make it winter"。

步骤 6：生成图像，如图 7.142 所示。图像结构没有发生改变，但是与提示词要求一致，画面变成了冬天的场景。

图 7.142 冬天的场景

7.3.18 Revision

Revision 模型有些类似 IP-Adapter 模型,可以结合参考图像生成全新的图像。

Revision 功能案例如下。

步骤 1:生成一张婴儿图像,如图 7.143 所示。

图 7.143　婴儿图像

步骤 2:设置迭代步数为"20"步,选择采样方法为"Euler a",设置图像生成尺寸为 512×512 像素。设置生成批次为"1"批,每批数量为"1"张。

步骤 3:将图像导入 ControlNet 插件,选择控制类型为 Revision。预处理器及参数选择默认,如图 7.144 所示。

步骤 4:无须输入任何提示词,Revision 会在提供的参考图中提取关键元素,生成新的婴儿图像,如图 7.145 所示。

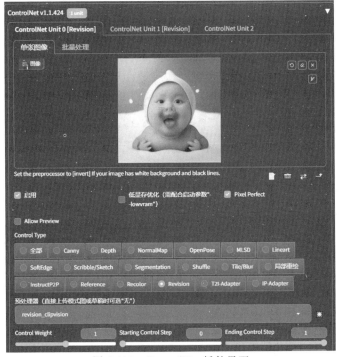

图 7.144　ControlNet 插件界面

图 7.145　婴儿图像

提示：Revision 模型目前需要 SDXL 大模型的支持。使用时请检查大模型的版本

7.3.19　综合实践：海报设计案例

步骤 1：制作文字图片。使用 Photoshop 或其他图像编辑软件制作一张尺寸为 512×768 像素，带有"收获"字样的文字图像，如图 7.146 所示。

步骤 2：选择大模型"麦橘写实"。

步骤 3：输入的正向提示为"秋天，稻田，小麦，自然，落叶，高清，质量，高品质图片，自然风格，（（杰作）），（（最佳质量）），8K，高细节，超细节"。对应的英文提示词为"autumn, rice fields, wheat, nature, fallen leaves, high-definition, quality, high quality pictures, natural style, ((masterpiece)), ((best quality)), 8K, high detail, super detail"。输入的反向提示词为"最差质量、低质量、低分辨率"。对应的英文提示词为"worst quality, low quality, low resolution"。

步骤 4：设置采样迭代步数为"20"步，选择采样方法为"Euler a"，设置图像的生成尺寸为 512×768 像素。设置生成批次为"1"批，每批数量为"1"张。

步骤 5：在文生图界面开启 ControlNet 插件，选择 invert (from white bg & black line) 预处理器，用于适应文字图片的背景和线条颜色。选择 control_v11f1p_sd15_depth 模型，深度模型可增加图片的景深效果，使背景更加立体，如图 7.147 所示。

图 7.146　文字图像　　　　　　　　图 7.147　invert 预处理器与 depth 模型组合

步骤 6：生成海报，单击"生成"按钮。得到的图像如图 7.148 所示。

步骤 7：优化海报，将生成的图像导入"图生图"界面，选择大模型"麦橘写实"。将之前文生图界面的提示词复制粘贴进图生图界面的提示词对话框。

步骤 8：设置重绘幅度为"0.2"。

步骤 9：将图像导入 ControlNet 插件，选择控制类型为 Tile，如图 7.149 所示。

步骤 10：在脚本中选择 Ultimate SD upscale 放大功能，放大图像，如图 7.150 所示。

步骤 11：单击"生成"按钮，生成海报图像，其在细节和图像质量上都优于第一次生成的图像，如图 7.151 所示。

图 7.148 生成图像

图 7.149 ControlNet 插件界面

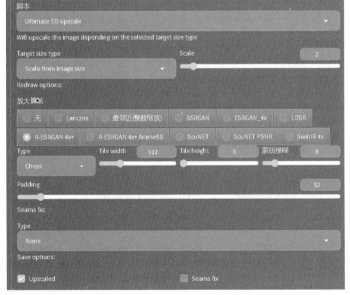

图 7.150 放大脚本界面

图 7.151 海报

7.3.20 综合实践：节日插图设计案例

步骤1：在文生图界面选择"麦橘写实"作为大模型。

步骤2：输入的正向提示词为"最佳品质，杰作，超高分辨率，逼真的灯光，细腻的皮肤，复杂的细节，超级细节，一个女孩，单独，坐在地毯上，珠宝，圣诞帽，红色毛衣，红色裤子，（红色靴子：1.1），棕色头发，长发，室内，复杂的背景，圣诞礼物堆在地上，礼盒（许多礼盒：1.2），放在角落里的圣诞树"。对应的英文提示词为"best quality，masterpiece，ultra high resolution，realistic lighting，delicate skin，complex details，super detail，a girl，solo，sitting on the carpet，jewelry，christmas hat，red sweater，red pants，（red boots：1.1），brown hair，long hair，indoor，complex background，christmas gifts piled on the ground，gift box（many gift boxes：1.2），Christmas tree placed in the corner"。输入的反向提示词为"（不宜在工作场景中查看的内容：1.3），（最差质量，低质量），人体结构不正确，（裸漏：1.3），（暴露：1.2）"。对应的英文提示词为"（nsfw：1.3），（worst quality，low quality），incorrect human body structure，（bare leakage：1.3），（exposure：1.2）"。

步骤3：设置采样迭代步数为"20"步，选择采样方法为"Euler a"，设置图像尺寸为696×464像素。设置生成批次为"1"批，每批数量为"1"张，如图7.152所示。

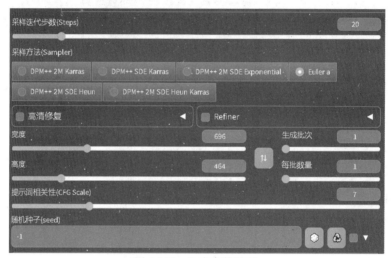

图7.152　生成参数界面

步骤4：单击开启ADetailer插件，进行面部修复，如图7.153所示。

图7.153　ADetailer插件界面

步骤5：用文生图功能生成一个符合预期的人物姿势图（图像也可以在开源的网络下载），如图7.154所示。

步骤6：将图像导入ControlNet插件，选择控制类型为OpenPose，选择dw_openpose_full预处理器，如图7.155所示。

步骤7：单击"生成"按钮，生成了写实风格的圣诞主题插图，如图7.156所示。

图 7.154 人物姿势图

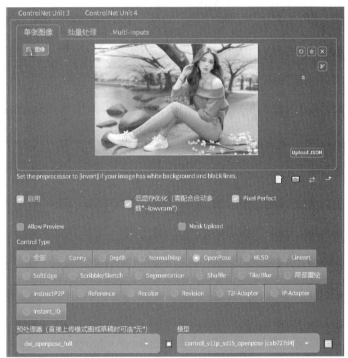

图 7.155 ControlNet 插件界面

图 7.156 写实风格的圣诞主题插画

步骤8：切换大模型为插画风格的"自由变换"，其他参数设置不变，单击"生成"按钮，生成了插画风格的圣诞主题插图，效果如图7.157所示。

图7.157　插画风格的圣诞主题插画

步骤9：使用附加功能放大图像，设置如图7.158所示。

图7.158　附加功能界面

步骤10：单击"生成"按钮，对图像进行放大生成，完成圣诞主题插图设计，效果如图7.159所示。

图7.159　圣诞主题插图最终效果

7.4　自动翻译插件的安装与功能

自动翻译插件支持输入中文提示词直接翻译成英文提示词。

自动翻译插件的安装步骤如下。

步骤1：打开 Stable Diffusion，找到"扩展"界面，进入"从网址安装"界面，在输入框中输入网址"https://github.com/Physton/sd-webui-prompt-all-in-one"，如图 7.160 所示。

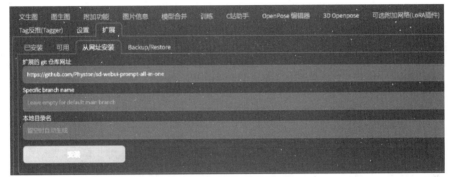

图 7.160　输入安装网址

步骤2：单击"安装"按钮，安装完成后重新启动 Stable Diffusion。重新进入界面后出现插件界面，如图 7.161 所示。

图 7.161　自动翻译插件界面

步骤3：单击"设置"按钮，然后单击"API"按钮，弹出一个对话框，如图 7.162 所示。

图 7.162　API 界面

步骤4：选择一个翻译接口，可选择需要 API Key 的翻译渠道，也可选择不需要 API Key 的免费翻译渠道。单击"测试"按钮，成功生成结果说明可用，如图 7.163 所示。

步骤5：在插件界面输入中文，实现中英文自动翻译，如图 7.164 所示。

翻译插件的其他功能如图 7.165 所示。

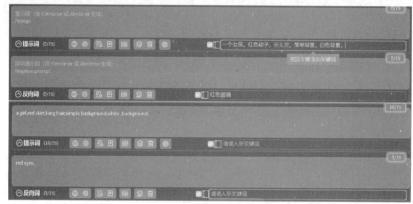

图 7.163 选择翻译接口界面

图 7.164 中英文自动翻译

图 7.165 翻译插件的其他功能

7.5 Inpaint Anything 插件的安装与功能

Inpaint Anything 插件融合了多种先进的视觉模型,轻松实现图像修复或变换。其中的核心技术,能够通过绘制的点或框这样简单的交互来识别和勾勒照片中的特定对象,以精确地隔离出想要处理的部分。Inpaint Anything 插件主要有 3 个功能:移除任何物体功能、填充任何内容功能以及替换任何背景功能。介绍如下。

移除任何物体功能:单击所选物体,Inpaint Anything 插件(简称 IA)就能将其移除,并利用周围环境的信息平滑地修补留下的空白区域。填充任何内容功能:提供基于文本的提示给 IA，然后通过 Stable Diffusion 模型来填充空洞与相应的生成内容。替换任何背景功能：允许标记并保留想要的物体，然后 IA 将把剩余的背景替换成全新生成的场景，为图片赋予一个全新的环境背景。

Inpaint Anything 插件的安装步骤如下。

步骤 1：在 Stable Diffusion WebUI 扩展界面单击"扩展"界面，再单击"可用"界面，加载完毕插件列表后，在搜索框输入"Inpaint Anything"。单击右侧的"安装"按钮，安装完成后重启 WebUI，插件会出现在界面中，如图 7.166 所示。

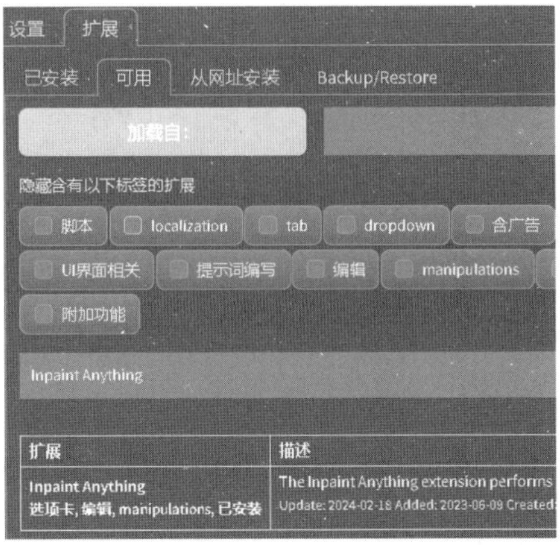

图 7.166　插件安装

步骤 2：安装模型。目前有 9 个模型可以选择安装，后缀为"h"的模型代表大模型，后缀为"l"的模型代表中模型，后缀为"b"的模型代表小模型。如果显存小于 8GB，可以选择安装小型模型；如果显存较大，可以选择安装中型或大型模型。划分的精细程度会有所不同。选择要安装的模型，单击右侧的下载模型按钮（Download model）。安装位置为"sd-webui-aki-v4.2\extensions\sd-webui-inpaint-anything\models"，模型如图 7.167 所示。

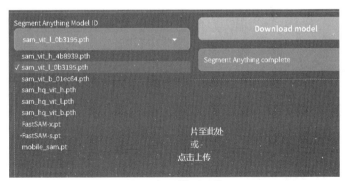

图 7.167　模型下载

Inpaint Anything 插件的功能案例一如下。

步骤 1：导入一张海边女孩图像进入插件，单击"运行图像分割"（run segment anything）按钮，如图 7.168 所示。

步骤 2：运行图像分割后，界面右侧出现已经分割好的图像。在右侧界面选择画笔，对要移除的内容进行单击绘制，如图 7.169 所示。

图 7.168　图像导入界面

图 7.169　选择移除内容

步骤 3：单击 "创建蒙版(create mask)" 按钮,对选中的图像创建蒙版,分割出的图像会显示在界面下方,如图 7.170 所示。该界面下方有 3 个功能按钮,用来调整蒙版图像,分别是"扩展当前蒙版的选区(expand mask region)"按钮、"通过草图修剪蒙版(trim mask by sketch)"按钮、"按草图添加蒙版(add mask by sketch)"按钮。

步骤 4：在"运行图像分割(run segment anything)"按钮下方选择"仅蒙版(Mask only)"面板,单击"得到蒙版(get mask)"按钮,得到蒙版选区,如图 7.171 所示。

步骤 5：单击"发送到局部重绘蒙版(send to img2imginpaint)"按钮,将图像和蒙版发送到局部重绘(上传蒙版)界面,如图 7.172 所示。

步骤 6：输入的正向局部提示词为"(海水:1.2),海滩"。对应的英文提示词为"(sea water:1.2), beach"。输入的反向提示词为"岩石,(石头:1.2),(卵石:1.2)"。对应的英文提示词为"rock,(stone:1.2),(pebbles:1.2)"。

图 7.170　分割图

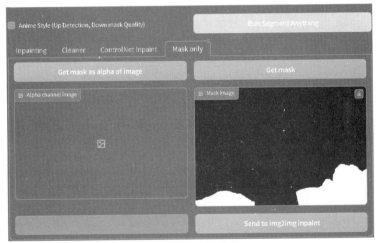

图 7.171　遮罩蒙版

图 7.172　将图像和蒙版导入重绘(上传蒙版)界面

步骤 7：设置重绘幅度数值为"0.9"。单击"生成"按钮，效果如图 7.173 所示。图像中的礁石被海水和海滩替代。

图 7.173　海边的女孩

步骤 8：在 Inpaint Anything 插件界面也可以直接生成图像，返回 Inpaint Anything 插件界面，"运行图像分割(run segment anything)"按钮下方有 4 个面板，分别是图像修复面板(inpainting)、清洁面板(cleaner)、图像修复面板(controlnet inpaint)及遮罩面板(mask only)，如图 7.174 所示。

图 7.174　Inpaint Anything 插件界面

步骤 9：单击 Inpainting 图像修复面板，在提示词对话框输入相同提示词，如图 7.175 所示。

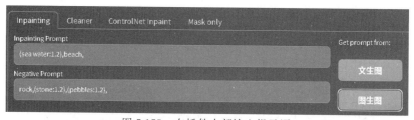

图 7.175　在插件内部输入提示词

步骤 10：单击"运行图像修复(Run Inpainting)"按钮，生成图像，效果如图 7.176 所示。同样，礁石被移除了。

Inpaint Anything 插件的功能案例二如下。

步骤 1：导入图像，进入插件，单击"运行图像分割(run segment anything)"按钮，运行图像分割，如图 7.177 所示。

步骤 2：在右侧界面选择画笔，对要替换的内容进行单击绘制，如图 7.178 所示。

图 7.176　插件内部生成的海边女孩图像

图 7.177　图像导入界面

图 7.178　选择替换内容示意图

步骤 3：运行创建蒙版（create mask）按钮，对图像进行分割，分割出的图像会显示在界面下方，如图 7.179 所示。运用扩展当前蒙版的选区（expand mask region）功能适当扩展当前遮罩的选区。

图 7.179　扩展当前蒙版的选区

步骤 4：在运行图像分割（run segment anything）按钮下方选择仅蒙版（Mask only）面板，单击"生成蒙版（Get mask）"按钮，得到蒙版选区，如图 7.180 所示。

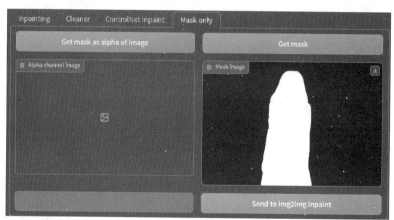

图 7.180　遮罩蒙版

步骤 5：单击发送到重绘蒙版（send to img2imginpaint）按钮，发送到局部重绘（上传蒙版）界面，如图 7.181 所示。

步骤 6：输入的正向提示词为"最好的质量，高质量，男孩，白色西装"。对应的英文提示词为"the best quality, high quality, Boy, white suit"。输入的反向提示词为"最差质量，低质量，素描，绘图，抽象艺术，超现实主义绘画，概念图，图形，低分辨率，单色，灰度，文本，字体，徽标，版权，水印，签名，用户名，模糊，低细节，低对比度，曝光不足，曝光过度，多视图，多角度"。对应的英文提示词为"worst quality, low quality, sketching, drawing, abstract art, surrealist painting, concept images, graphics, low resolution, monochrome, grayscale, text, font, logo, copyright, watermark, signature, username, blurry, low

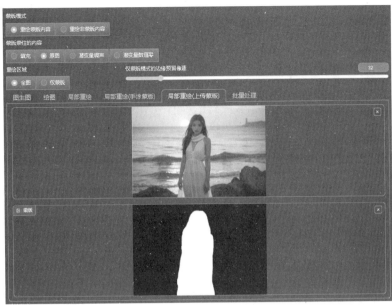

图 7.181　局部重绘(上传蒙版)界面

detail，low contrast，underexposure，overexposure，multi view，multi angle"。

步骤 7：设置重绘幅度数值为"0.9"。为了更好地控制替换人物的姿势，加载一个 ControlNet 插件，选择 OpenPose 类型，用于固定人物姿势，如图 7.182 所示。

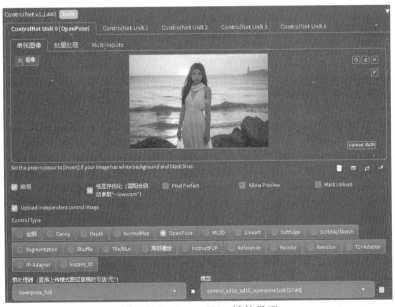

图 7.182　ControlNet 插件界面

步骤 8：生成图像。人物由女性变成了男性，如图 7.183 所示。

Inpaint Anything 插件的功能案例三如下。

步骤 1：生成一张白色背景的人物图像，将图像导入插件，单击"运行图像分割(run segment anything)"按钮，运行图像分割，如图 7.184 所示。

图 7.183　海边男孩

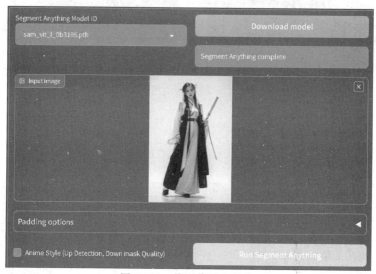

图 7.184　将图像导入插件

步骤 2：在右侧界面选择画笔，对要替换的内容进行点击绘制选择，如图 7.185 所示。

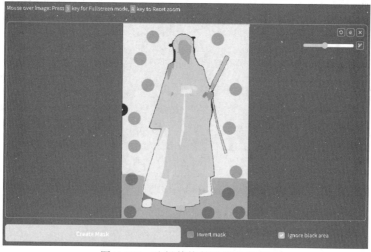

图 7.185　选择替换的内容示意图

步骤3：对图像进行分割，得到蒙版图，如图7.186所示。

步骤4：单击发送到重绘蒙版（Send to img2imginpaint）按钮，将图像和蒙版发送到局部重绘（上传蒙版）界面，如图7.187所示。

步骤5：选择大模型"麦橘写实"。输入的正向提示词为"草，云，户外，风景，天空，单独，没有人"。对应的英文提示词为"grass，clouds，outdoors，scenery，sky，solo，no humans"。输入的反向提示词为"最糟糕的质量，低质量，素描，绘图，抽象艺术，超现实主义绘画，概念，图形，低分辨率，单色，灰度，文本，字体，徽标，版权，水印，签名，用户名，模糊，低细节，低对比度，曝光不足，曝光过度，多视图，多角度"。对应的英文提示词为"worstquality，low quality，sketching，drawing，abstract art，surrealist painting，conceptimages，graphics，lowresolution，monochrome，grayscale，text，font，logo，copyright，watermark，signature，username，blurry，low detail，low contrast，underexposure，overexposure，multi view，multi angle"。

步骤6：设置重绘幅度数值为"0.9"。生成图像，生成带有天空背景的人物图像，如图7.188所示。

图 7.186 蒙版图

图 7.187 上传局部重绘（上传蒙版）界面

图 7.188 带有天空背景的人像

提示：替换背景时，生成的背景图像可能出现多余的手臂、多余的人物，可以寻找合适的 LoRA 模型配合生成背景图像，或者借助多个 ControlNet 插件解决问题。

7.6 ReActor 插件的安装与功能

ReActor 插件可以实现人物的脸部替换，其最大的特点是只需要一张参考照片即可完成换脸过程，不需要训练 LoRA 模型等复杂的操作，且安装过程相对简单。

ReActor 插件的安装步骤如下。

步骤1：在 Stable Diffusion 的"扩展"界面进入"可用"界面，单击"加载自"按钮，在下面的搜索框内输入"ReActor"，安装插件，如图7.189所示。

图 7.189　扩展可用界面

步骤 2：安装完成后，在 Stable Diffusion 的文生图界面和图生图界面会出现 ReActor 插件的界面，如图 7.190 所示。

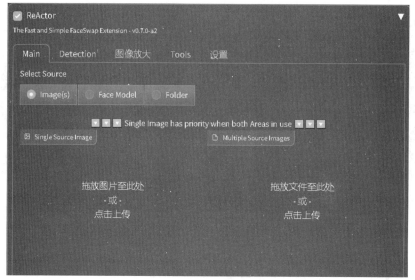

图 7.190　插件界面

提示：初次运行插件需要下载模型。模型大小约为 500MB，查看后台可以监控安装进度。

ReActor 插件的功能案例一如下。

步骤 1：在文生图界面使用提示词生成一张亚洲女孩图像，如图 7.191 所示。

步骤 2：固定图像的种子值，如图 7.192 所示。

步骤 3：在 ReActor 插件上传一张非洲女孩人脸图像，勾选 ReActor。用上传图像的脸部替换生成图像的脸部，如图 7.193 所示。

步骤 4：单击"生成"按钮，生成图像，如图 7.194 所示。完成了脸部结构替换。

图 7.191 亚洲女孩

图 7.192 固定图像的种子值

图 7.193 ReActor 界面

图 7.194 人脸替换图

ReActor 插件的功能案例二如下。

步骤 1：上传一张多人图像，进入 ReActor 插件，如图 7.195 所示。

图 7.195　上传多人图像

步骤 2：将左侧的第二个光头男人的脸部替换到女孩的脸部，在"逗号分割的人脸编号 (Comma separated face number)"对话框内输入"1"。在"图像源(Source Image)"对话框输入数字，即可代表由左到右的人物顺序，"0"表示左侧第一个人物，"1"表示左侧第二个人物，以此类推。设置如图 7.196 所示。"性别检测(Gender Detection)"选项代表在选择替换过程中只选择男性，或者只选择女性，可以根据需求选择。

图 7.196　指定换脸顺序选择界面

步骤 3：单击"生成"按钮，生成图像，如图 7.197 所示。女孩的脸替换成了左侧第二个光头男人的脸。

图 7.197　人脸替换图

ReActor插件的功能案例三如下。

步骤1：在图生图界面设置反向提示词"容易产生负面的结果"。上传一张图像，如图7.198所示。

图7.198 图生图界面

步骤2：将重绘幅度设置为"0"，过高的重绘幅度会使生成图像发生改变，设置重绘幅度为"0"则只改变脸部结构，其他部分不改变。在ReActor插件界面勾选ReActor启动插件，上传一张要换脸的人像图像，勾选"保存原件（save original）"方便对比变化，如图7.199所示。

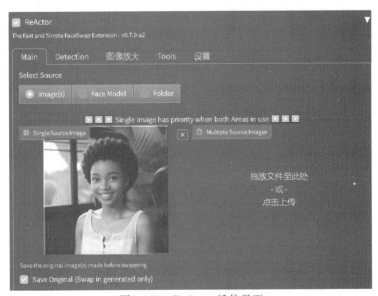

图7.199 ReActor插件界面

步骤3：单击"生成"按钮，生成图像，人物脸部进行了替换，如图7.200所示。

图 7.200   人脸替换图

ReActor 插件的功能案例四如下。

步骤 1：上传一张多人图像到"图生图"界面，如图 7.201 所示。

图 7.201   多人图像

步骤 2：在 ReActor 插件上传一张人脸图像，勾选 ReActor 按钮。插件默认替换左侧第一个女孩的脸部，如图 7.202 所示。

图 7.202   ReActor 插件界面

步骤3：单击"生成"按钮，效果如图7.203所示。

图7.203　人脸替换图

步骤4：如果需要替换中间女孩的脸部，则在插件界面的"目标图像（Target Image）"对话框设置数字为"1"，设置如图7.204所示。

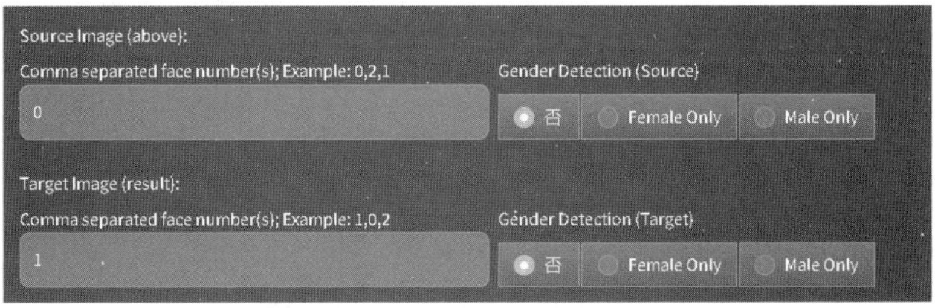

图7.204　指定人脸替换界面

步骤5：单击"生成"按钮，生成图像，检查生成结果，效果如图7.205所示。中间的女孩换脸完成。

图7.205　人脸替换图

ReActor插件的功能案例五如下。

步骤1：在插件界面选择高清修复的放大算法，如图7.206所示。选择"R-ESRGAN 4x+"放大算法。

步骤2：设置等比缩放数值为"2"，如图7.207所示。

步骤3：单击"生成"按钮，生成图像，检查生成结果，效果如图7.208所示。图像放大完成。

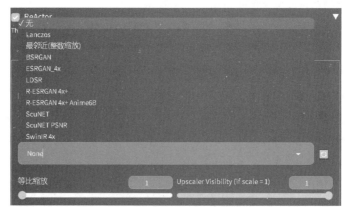

图 7.206　放大算法选择界面

图 7.207　等比缩放界面

图 7.208　放大后的图像

ReActor 插件的功能案例六如下。

步骤 1：将女孩图像导入"图生图"界面，如图 7.209 所示。

图 7.209　图生图界面

步骤 2：生成两张女孩图像，如图 7.210 和图 7.211 所示。批量替换两位女孩的脸。

图 7.210 女孩一

图 7.211 女孩二

步骤 3：将两张女孩的图像导入插件，如图 7.212 所示。

图 7.212 ReActor 插件导入多个图像

步骤 4：单击"生成"按钮，生成图像，检查生成结果。效果如图 7.213、图 7.214 所示。两张女孩的脸批量替换完成。

图 7.213 换脸女孩一

图 7.214 换脸女孩二

7.7 本章小结

本章介绍了 Stable Diffusion 的多种插件，内容涵盖插件获取与安装。包括人脸修复插件、ControlNet 插件的功能实例、自动翻译插件以及 inpaint anything 图像编辑插件。

第 8 章

Stable Diffusion 在设计领域的应用

本章学习要点：

- 掌握 Stable Diffusion 进行概念设计的方法。
- 掌握 Stable Diffusion 辅助创作游戏美术设计的方法。
- 掌握 Stable Diffusion 辅助创作建筑外观设计与室内设计的方法。
- 掌握 Stable Diffusion 在包装设计中的应用技巧。

8.1　Stable Diffusion 创作概念设计作品

8.1.1　AI 辅助影视概念分镜设计案例

步骤 1：创建一张影视概念草图。确定分镜的空间结构，草图效果如图 8.1 所示。

步骤 2：进入 Stable Diffusion 中的文生图界面。选用大模型"ReVAnimate"，如图 8.2 所示。

图 8.1　影视概念草图

图 8.2　选择大模型界面

步骤 3：输入的正向提示词为"真实，逼真，最好的质量，杰作，超高分辨率，精细的细节，质量，逼真的照明，详细的皮肤，错综复杂的细节，原始照片，超详细，楼梯，景观，拱门，柱子，

（无人），漫画，阳光，阴影”。对应的英文提示词为"real，lifelike，best quality，masterpiece，ultra-high resolution，fine detail，quality，lifelike lighting，detailed skin，intricate detail，original photographs，ultra-detailed，staircase，landscape，arches，columns，（no humans），comics，Sunshine，shadows"。输入的反向提示词为"（最差质量，低质量），绘画，素描，抽象艺术，卡通，超现实主义绘画，概念画，图形，低分辨率，单色，灰度，文本，字体，标志，版权，水印，签名，用户名，模糊，重复，背光，额外的数字，减少数字，裁剪"。对应的英文提示词为"（worst quality，low quality），painting，drawing，sketch，abstract art，cartoon，surrealism painting，concept painting，graphics，low resolution，monochrome，grayscale，text，font，logo，copyright，watermark，signature，username，blurry，repeat，backlight，extra number，less number，cropping"。

步骤4：设置采样迭代步数为"20"步，设置采样方法为"Euler a"，设置生成的图像尺寸为1024×1024像素，生成批次和每批数量设置为"1"，如图8.3所示。

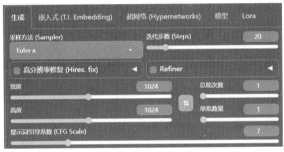

图8.3 生成参数界面

步骤5：将草图导入ControlNet插件，启用插件的同时选择控制类型为Lineart，选择预处理器为lineart_coarse，如图8.4所示。

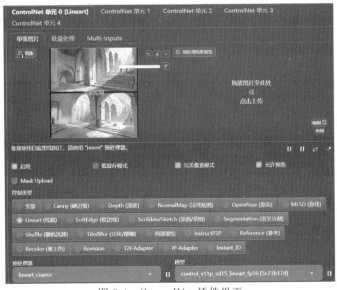

图8.4 ControlNet插件界面

步骤6：控制ControlNet中的参考图像尺寸比例与生成图像尺寸比例保持一致。生成一张影视概念效果图像，如图8.5所示。

图8.5　影视概念效果图

步骤7：使用ControlNet插件中的Tile模型，为画面增加细节，如图8.6所示。

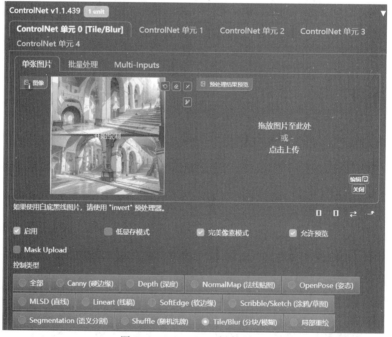

图8.6　ControlNet插件界面

步骤8：生成图像，如图8.7所示，得到一张拥有更多细节的影视概念效果图。

步骤9：将生成图像导入局部重绘界面，修复图像中的错误，如图8.8所示。

图 8.7 Tile 生成图像

图 8.8 局部重绘界面

步骤 10：经过调整修改局部重绘功能，得到一张最终的影视概念效果图，如图 8.9 所示。

步骤 11：在图生图界面调整重绘幅度数值为"0.3"，使生成图像与原图相近。在脚本中选择 Ultimate SD upscale 放大功能，将图像放大一倍。选择"目标的类型（target size

图 8.9　最终的影视概念效果图

type)"为"以初始图像大小为基础进行缩放（scale from image size）"，调整数值参数为"2"，
选择放大算法为"R-ESRGAN 4x＋"，选择控制类型为"棋盘（chess）"，选择"接缝修复
（seams fix）"为"细节更加完善的重新拼接修复（half tile offset pass＋intersections）"，将"降
噪（Denoise）"参数调整到"0.25"，参数设置如图 8.10 所示。

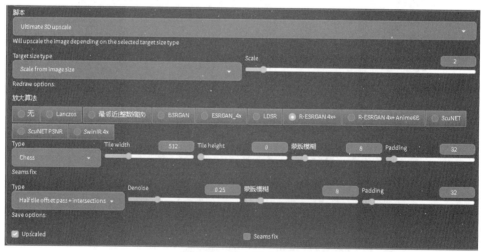

图 8.10　放大脚本界面

　　步骤 12：经过图像放大后得到最终效果图，如图 8.11 所示。

　　这种借助人工智能进行辅助创作的方法显著提升了设计效率。通过结合使用不同的模
型和提示词，可以在短时间内根据相同的空间结构生成具有不同视觉风格的作品，如
图 8.12 和图 8.13 所示。

图 8.11 放大后的影视概念效果图

图 8.12 夜晚分镜设计

图 8.13 清晨分镜设计

8.1.2　AI辅助概念设计跑车案例

步骤1：设计与绘制草图,首先绘制跑车草图的设计方案,如图8.14所示。

步骤2：选择写实风格的大模型"麦橘写实",如图8.15所示。

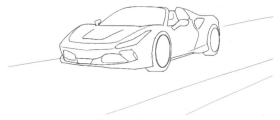

图8.14　跑车草图　　　　　　　　　图8.15　大模型设置

步骤3：进入文生图界面,输入的正向提示词为"逼真,照片逼真,最佳质量,杰作,超高分辨率,精细细节,质量,逼真的照明,详细的皮肤,复杂的细节,原始照片,超级详细,汽车,跑车,黄色,户外环境,高速公路,城市街道,湿滑的路面"。对应的英文提示词为"realistic, photorealistic, best quality, masterpiece, ultra-high resolution, fine details, quality, realistic lighting, detailed skin, complex details, original photos, super detailed, cars, sports cars, yellow, outdoor environment, highways, city streets, slippery road surfaces"。输入的反向提示词为"最差质量,低质量,绘画,素描,抽象艺术,漫画,超现实主义绘画,概念图像,图形,低分辨率,单色,灰度,文本,字体,徽标,版权,水印,签名,用户名,模糊,重复,质量差,背光,多余的数字,更少的数字,裁剪,漫画,低细节,低对比度,曝光不足,曝光过度"。对应的英文提示词为"worst quality, low quality, painting, sketching, abstract art, cartoons, surrealist painting, concept images, graphics, low resolution, monochrome, grayscale, text, font, logo, copyright, watermark, signature, username, blurry, duplicate, poor quality, backlight, extra numbers, fewer numbers, cropping, comics, low details, low contrast, underexposure, overexposure"。

步骤4：设置采样迭代步数为"30"步,设置采样方法为"DPM++ SDE Karras",设置图像的生成尺寸为512×512像素,设置生成批次和每批数量为"1"。开启高清修复,选择放大算法为"R-ESRGAN 4x+"模式,设置放大倍率为"2",设置重绘幅度数值为"0.7",如图8.16所示。

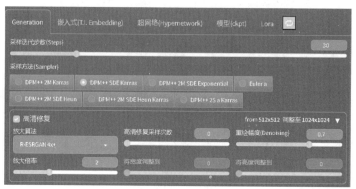

图8.16　高清修复界面

步骤 5：控制 ControlNet 插件，在 ControlNet 插件中选择 Lineart 预处理器，确保草图与生成图像之间的尺寸匹配，如图 8.17 所示。

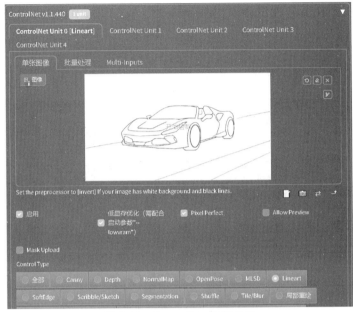

图 8.17 ControlNet 插件界面

步骤 6：生成图像，如图 8.18 所示，得到一幅跑车效果图。

图 8.18 生成效果图

步骤 7：将图像导入局部重绘界面，调整和修改一些不合理的细节。用画笔覆盖画面不合理的细节部分。在提示词中输入要修改的内容，例如，案例中修改了轮毂部分，那么提示词输入"轮毂，跑车轮毂"。设置"蒙版模糊"功能为"4"，选择"蒙版模式"为"重绘蒙版内容"，选择"蒙版蒙住的内容"为"原图"，选择"重绘区域"为"全图"。设置重绘幅度数值为"0.5"，如图 8.19 所示。

步骤 8：重新生成图像，效果如图 8.20 所示。

步骤 9：如果想要变化跑车的颜色，可以将生成好的跑车图像导入文生图界面。在提示词输入框中输入想要变换的颜色，如"红色的跑车"。提示词的准确性将直接影响颜色变换

图 8.19　绘制蒙版

图 8.20　局部重绘效果图

的结果。开启 ControlNet 插件,选择控制类型为 Recolor,设置如图 8.21 所示。

步骤 10:生成图像,如图 8.22 所示。生成了红色跑车,但是颜色比较生硬,周围环境几乎没有颜色。

步骤 11:调整画面,将生成的红色跑车导入 ControlNet 插件,选择控制类型为 Tile,设置如图 8.23 所示。同时替换提示词中的颜色提示词,将"黄色"改成"红色"。

步骤 12:生成红色跑车图像,如图 8.24 所示。对比发现,生成后的图像环境色彩更加自然,细节也增加了。

通过以上方法可以快速地变换跑车颜色,应用于不同的设计场景和需求。这不仅提高了工作效率,也增强了设计的灵活性,如图 8.25 和图 8.26 所示。

图 8.21　ControlNet 插件界面

图 8.22　红色跑车

图 8.23　ControlNet 插件界面

图 8.24　红色跑车

图 8.25　黄色跑车

图 8.26　红色跑车

8.2　Stable Diffusion 创造游戏美术设计作品

  Stable Diffusion 正在改变游戏设计领域的制作流程及创作方式。Stable Diffusio 对细节的处理能力强，能够捕捉真实世界中的复杂纹理、光影和色彩，并将其融入到生成的艺术作品中。Stable Diffusion 的可控性高，可以导入设计好的创意稿，使用 Stable Diffusion 进行渲染。配合不同参数和风格的模型，Stable Diffusion 可以创作具有特定主题、风格或元素的游戏视觉作品。

8.2.1　游戏角色原画 AI 辅助创作案例

  步骤 1：绘制角色原画线稿图，效果如图 8.27 所示。

  步骤 2：导入文生图界面，选择插画风格大模型"自由变换"。选择 LoRA 模型为 Q 版的卡通风格微调模型，如图 8.28 所示。

  步骤 3：输入的正向提示词为"真实，照片写实，最好的质量，杰作，超高分辨率，精细的细节，质量，真实的照明，详细的皮肤，复杂的细节，原始照片，超级详细，一个女孩，帽子，女巫帽子，黑色头发，手套，耳环，药剂，珠宝，靴子，微笑，红眼睛，裙子，棕色手套，黑色礼服，全身，女巫，长头发，双尾，站立，看着观众，独唱，包，黑鞋，封闭，腰带，刘海，简单的背景，白色背景"。对应的英文提示词为"realistic, photo realism, best quality, masterpiece, absurdres, fine detail, quality, realistic lighting, detailed skin, complicated details, original photo, super detailed, one girl, hat, witch hat, black hair, gloves, earrings, potion, jewelry, boots, smile, red eyes, dress, brown_gloves, black dress, whole body,

图 8.27　角色原画线稿图

图 8.28　选择大模型界面

witch，long hair，double-tailed，stand，look at the audience，solo，bag，black shoes，closed，belt，bangs，simple background，white_background"。输入的反向提示词为"抽象艺术,漫画,超现实主义绘画,概念绘画,低分辨率,单色,灰度,文字,字体,标志,版权,水印,签名,用户名,模糊,质量差,背光,联系人,额外的数字,草图,差的解剖结构,低细节,低对比度,曝光不足,曝光过度,多角度,多角度"。对应的英文提示词为"abstract art，comics，surrealist painting，concept painting，low resolution，monochrome，grayscale，text，font，logo，copyright，watermark，signature，username，blurry，poor quality，backlighting，contacts，extra numbers，sketches，poor anatomical structure，low details，low contrast，underexposure，overexposure，multi angle，multi angle"。

步骤 4：设置迭代步数为"20"步,设置采样方法为"Euler a"。设定图像的尺寸大小为 512×720 像素。设置生成批次为"1"批,每批数量为"1"张。使用 ADetailer 插件,避免人物脸部生成时出现错误,如图 8.29 所示。

图 8.29　生成参数界面

步骤5：将草图导入 ControlNet 插件,选择控制类型为 Lineart,采用的预处理器为 lineart_anime_denoise,设置如图 8.30 所示。

步骤6：生成图像,检查生成效果,如图 8.31 所示。

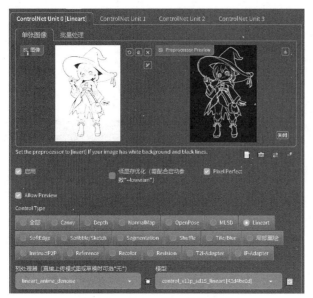

图 8.30　ControlNet 插件界面

图 8.31　生成效果图

步骤7：观察生成的效果图,除了颜色之外基本还原了设计草图。下面调整颜色。输入的正向提示词为"逼真,照片逼真,最好的质量,杰作,超高分辨率,精细的细节,质量,详细的皮肤,复杂的细节,原始照片,超详细,1 个女孩,(棕色帽子：1.3),女巫帽,黑色头发,手套,(黑色外套：1.2),(黑色短裙：1.2)耳环,药水,珠宝,靴子,微笑,红眼睛,棕色手套,(黑裙子：1.3)全身,女巫,长发,双尾,站着,看着观众,单独,袋子,黑色鞋子,闭合,腰带,刘海,简单的背景,白色背景"。对应的英文提示词为"realistic, photorealistic, the best quality, masterpiece, absurdres, fine details, quality, realistic lighting, detailed skin, complicated details, original photo, super detailed, one girl, (brown hat:1.3), witch hat, black hair, gloves, (black coat:1.2), (black skirt:1.2) earrings, potion, jewelry, boots, smile, red eyes, brown gloves, (black skirt:1.3) whole body, witch, long hair, double tailed, stand, look at the audience, solo, bag, black shoes, closed, belt, bangs, simple background, white background"。

步骤8：开启高清修复功能,采用的放大算法为"R-ESRGAN 4x+Anime6B"模式,设置放大倍率为"1.5",设置重绘幅度数值为"0.7",如图 8.32 所示。

图 8.32　高清修复界面

步骤 9：生成图像，如图 8.33 所示。

图 8.33　生成效果图

通过上述步骤，可以得到一个符合设计初衷的 Q 版女性魔法师角色原画。通过精确的提示词设置和插件控制，能够控制角色设计的每一个细节，从服饰的颜色到角色的表情。必要时，还可以使用图形处理软件对生成的图像进行细节调整和完善。最终完成角色设计的创作。

8.2.2　游戏场景原画 AI 辅助创作案例

冬天雪景案例如下。

步骤 1：进入 Stable Diffusion 文生图界面，选择大模型" NORFLEET 光影 2.5D 融合"，如图 8.34 所示。

图 8.34　选择大模型界面

步骤 2：进入 Stable Diffusion 的文生图界面，输入的正向提示词为"游戏场景，数字绘画，景观，户外，树木，雪，雪花，没有人类，中式建筑"。对应的英文提示词为"game scene，digital painting，landscape，outdoor，trees，snow，falling snow，no humans，chinese architecture"。输入的反向提示词为"（最差质量：2），（低质量：2）"。对应的英文提示词为"（worst quality：2），（low quality：2）"。

步骤 3：设置图像的生成尺寸为 1024×568 像素，为适合横板游戏的场景。设置生成批次为"1"批，每批数量为"1"张，设置采样迭代步数为"20"步，设置采样方法为"Euler a"，生成图像，效果如图 8.35 所示。生成了一张冬天雪景图像。

图 8.35　冬天雪景

夏天户外场景案例如下。

步骤 1：进入 Stable Diffusion 文生图界面，选择大模型"NORFLEET 光影 2.5D 融合"，如图 8.36 所示。

图 8.36　选择大模型界面

步骤 2：输入的正向提示词为"游戏场景，数字绘画，风景，户外，树，水，草，花，精灵，无人类，石灯笼"。对应的英文提示词为"game scenes，digital painting，scenery，outdoors，tree，water，grass，flower，spirit，no humans，stone lantern"。输入的反向提示词为"（最差质量：2），（低质量：2）"。对应的英文提示词为"（worst quality：2），（low quality：2）"。

步骤 3：设置图像的生成尺寸为 1024×568 像素，为适合横板游戏的场景。设置生成批次为"1"批，每批数量为"1"张，设置采样迭代步数为"20"步，设置采样方法为"Euler a"，生成图像，效果如图 8.37 所示。生成了一张夏天户外场景。

图 8.37　夏天户外场景

通过上述步骤，得到两个季节的场景原画。通过调整正向提示词，可以轻易地在不同的场景和主题之间切换，同时保持高质量的艺术输出。这些场景可以用于辅助游戏设计，或者进一步在图形处理软件中进行细节的打磨和完善。

8.2.3 游戏图标创作案例

在游戏设计中,技能图标不仅是玩家理解技能功能的视觉提示,也是游戏界面美学的重要组成部分。游戏图标主要分为物件图标和技能图标,本节用两个案例介绍说明 Stable Diffusion 生成图标的基本方法。

技能图标案例一如下。

步骤 1:进入 Stable Diffusion 文生图界面,选择大模型"自由变换",设置 LoRA 模型为图标类的微调模型,如图 8.38 所示。

步骤 2:输入的正向提示词为"黄色主题,(圆形图像:1.1),(黄色圆形图像:1.2),角色轮廓,围绕其整个身体的治疗光,单独,(发光轮廓:1.3)"。对应的英文提示词为"yellow theme,(circular image:1.1),(yellow circular image:1.2),character outline,healing light around its entire body,solo,(glow profile:1.3)"。输入的反向提示词为"(人物剪影:1.3),(奇怪剪影:1.4)"。对应的英文提示词为"(silhouette:1.3),(strange silhouette:1.4)"。

步骤 3:设置采样迭代步数为"35"步。设置采样方法为"Euler a",设置生成批次为"1"批,每批数量为"1"张。设置图标的生成尺寸为 512×512 像素。生成图像,效果如图 8.39 所示。

图 8.38 选择大模型界面

图 8.39 生成图标效果图

技能图标案例二如下。

步骤 1:输入的正向提示词为"蓝色主题,圆形图像,蓝绿色圆形图像,中间漂浮着一朵莲花,疗愈的光芒,单独,发光的剪影"。对应的英文提示词为"blue theme,circular image,blue green circular image,floating in the middle of a lotus,healing light,solo,glowing silhouette"。输入的反向提示词为"(人物剪影:1.3),(奇怪剪影:1.4)"。对应的英文提示词为"(silhouette:1.3),(strange silhouette:1.4)"。

步骤 2:单击"生成"按钮,效果如图 8.40 所示。

图 8.40 图标效果图

8.3 Stable Diffusion 创作建筑设计作品

8.3.1 AI 辅助建筑外观设计案例

随着 Stable Diffusion 生成技术的发展,其在室外建筑设计中的应用越来越广泛,为设计师提供了前所未有的便利和创意空间。室外建筑设计结合 AI 绘画生成技术,具有提高效率,激发创意,提高设计质量,降低设计成本,具有更好的客户体验等优点,已经成为当下的一种创作趋势。本节将展示利用 Stable Diffusion 生成两个室外建筑设计案例。

室外别墅案例一如下。

步骤1:选择适合建筑设计表现的大模型。以生成高质量的室外建筑和景观环境图像。

步骤2:输入的正向提示词为"85毫米,照片真实感,超现实主义,华丽,超细节,复杂,戏剧性,日落,阴影,高动态范围"。对应的英文提示词为"85mm, photorealistic, hyperrealistic, ornate, superdetailed, intricate, dramatic, sunsetlighting, shadows, high dynamic range"。输入的反向提示词为"签名,柔和,模糊,绘图,草图,质量差,丑陋,文本,类型,单词,徽标,像素化,低分辨率,饱和,高对比度,过度锐化"。对应的英文提示词为"signature, soft, blurry, drawing, sketch, poor quality, ugly, text, type, word, logo, pixelated, low resolution, saturated, high contrast, oversharpened"。

> **提示**:"high dynamic range"通常指的是一种可以提供比标准动态范围(SDR)更大的对比度和色彩范围的图像或视频技术。动态范围是指最亮和最暗区域之间的差异,HDR技术可以更好地捕捉和显示现实世界中的光照强度和颜色的细微差别。

步骤3:设置采样方法为"DPM++ SDE Karras",设置画布尺寸为 768×512 像素,生成批次和每批数量可以根据电脑情况设置,生成效果如图 8.41 所示。

图 8.41　别墅效果图

室外别墅案例二如下。

步骤1:调整环境与主体,通过调整提示词来调整单体建筑的结构与环境变化,调整提示词,添加提示词为"中式建筑",同时加入环境描述"冬天,积雪"。输入的提示词为"85毫米,中式建筑,雪,落雪,照片级真实感,超现实感,华丽,超细节,复杂,戏剧性,日落,阴影,高动态范围"。对应的英文提示词为"85mm, chinese architecture, snow, falling snow, photo realistic, surreal, ornate, super detail, complex, dramatic, sunset, shadow, high dynamic range"。输入的反向提示词为"签名,柔和,模糊,绘图,草图,质量差,丑陋,文本,类型,单词,徽标,像素化,低分辨率,饱和,高对比度,过度锐化"。对应的英文提示词为"signature, soft, blurry, drawing, sketch, poor quality, ugly, text, type, word, logo, pixelated, lowresolution, saturated, high contrast, oversharpened"。

步骤2：生成图像，效果如图8.42所示。生成了中式建筑别墅。

图8.42　中式建筑效果

通过这样的流程，可以使用Stable Diffusion快速得到高质量的室外建筑设计案例。这不仅能提高工作效率，还能激发设计师的创造力，为客户提供更加丰富和专业的设计方案。但是这种方式适合在概念设计初级阶段使用，并不适合有明确设计目标的设计方案。

室外建筑案例如下。

步骤1：利用绘图软件绘制街景草图，快速地将脑海中的想法转化为图像，如图8.43所示。

图8.43　街景草图

步骤2：选择大模型"城市设计大模型"。

步骤3：输入的正向提示词为"真实，照片级的现实主义，最好的质量，杰作，超高分辨率，精细的细节，质量，真实的照明，详细的皮肤，复杂的细节，原始照片，高水平，超详细，真实，照片真实，精细的细节，质量，从上面看，摩天大楼，玻璃，街道，植物，树木，明亮的室内环境，灯光，温暖的光"。输入的英文提示词为"realistic, photo level realism, best quality, masterpiece, absurdres, fine detail, quality, realistic lighting, detailed skin, complicated details, original photo, high level, super detailed, realistic, photo realistic, fine details, quality, look from above, skyscrapers, glass, street, plant, trees, bright indoor environment, lights, warm light"。输入的反向提示词为"抽象艺术，漫画，超现实主义绘

画,概念画,图形,低分辨率,单色,灰度,文本,字体,徽标,版权,水印,签名,用户名,模糊,重复,质量差,背光,联系人,多余的数字,裁剪,jpeg 伪影,草图,低细节,低对比度,曝光不足,曝光过度、多视角、多角度"。输入的英文提示词为"abstract art, comics, surrealist painting, concept painting, graphics, low resolution, monochrome, grayscale, text, fonts, logos, copyrights, watermarks, signatures, usernames, blurring, repetition, poor quality, backlighting, contacts, extra numbers, cropping, jpeg artifacts, sketches, low details, low contrast, underexposure, overexposure, multi perspective, multi angle"。

步骤 4:将街景草图导入 ControlNet 插件,将黑白草图导入 ControlNet 插件中,选择控制类型为 Lineart,预处理器和模型都选择默认,如图 8.44 所示。

图 8.44　ControlNet 插件界面

步骤 5:设置迭代步数为"20"步,选择采样方法为"DPM++ SDE Karras"模式,设置画布尺寸为 912×512 像素,设置生成批次为"1"批,设置每批数量为"1"张,生成效果如图 8.45 所示。

图 8.45　生成图像

步骤6：撰写提示词为"真实,照片级的现实主义,最好的质量,杰作,荒诞,精细的细节,质量,真实的照明,详细的皮肤,复杂的细节,原始照片,荒诞,高水平,超细节,真实,照片真实,难以置信的荒诞,精细的细节,质量,从上面看,摩天大楼,玻璃,街道,植物,树,明亮的室内环境,灯光,暖光,在冬天,（雪：1.2）"。对应的英文提示词为"realistic, photo level realism，best quality，masterpiece，absurdres，fine detail，quality，realistic lighting，detailed skin，complicated details，original photo，absurd，high level，super detailed，realistic，photo realistic，incredibly absurdres，fine details，quality，look from above，skyscrapers，glass，street，plant，tree，bright indoor environment，lights，warm light，in the winter，（snow:1.2）"。输入的反向提示词为"抽象艺术,漫画,超现实主义绘画,概念画,图形,低分辨率,单色,灰度,文本,字体,标志,版权,水印,签名,用户名,模糊,重复,质量差,背光,联系人,额外的数字,剪裁,素描,漫画,低细节,低对比度,曝光不足,曝光过度,多角度,多角度"。对应的英文提示词为"abstract art, comics, surrealist painting, concept painting，graphics，low resolution，monochrome，grayscale，text，fonts，logos，copyrights，watermarks，signatures，usernames，blurring，repetition，poor quality，backlighting，contacts，extra numbers，cropping，sketches，comics，low details，low contrast，underexposure，overexposure，multi perspective"。这组提示词加入了环境描述,给"雪"加上了权重,以保证生成效果,生成图像,效果如图 8.46 所示。

图 8.46 雪景效果

步骤7：使用 ControlNet 的"局部重绘"功能调整图像的细节。比如,远景的楼可以利用"局部重绘"的画笔功能将不合理的部分涂抹上,如图 8.47 所示。

步骤8：输入的正向提示词为"天空,云"。对应的英文提示词为"sky, clouds"。生成图像,效果如图 8.48 所示,远景的楼变成了天空和云。利用这种方法可以逐步地完善图像,直至获得满意的效果。

步骤9：将图像导入到"图生图"界面,复制文生图的提示词进入图生图界面,采样方法、图像尺寸与文生图保持一致,设置重绘幅度数值为"1",如图 8.49 所示。

步骤10：进入 ControlNet 插件,选择控制类型为 Tile,选择预处理器为 tile_resample,选择大模型为默认的 control_v11f1e_sd15_tile,如图 8.50 所示。

步骤11：选择脚本为 Ultimate SD upscale,选择"目标的类型（target size type）"为"以

图 8.47　ControlNet 局部重绘界面

图 8.48　局部重绘后生成的效果

图 8.49　重绘幅度界面

初始图像大小为基础进行缩放(scale from image size)",选择放大的倍数(Scale)为"2"倍,选择放大算法为"ESRGAN 4x+"模式。如图 8.51 所示。放大功能的参数可以根据具体需求调整。选择放大算法时,可以选用"R-ESRGAN 4x+"模式,它适用于多种类型的图像。相比之下,"ESRGAN 4x+"模式特别适合对写实风格的图像进行处理,并且它在增强图像的视觉锐度方面表现得更为突出。至于放大的"类型(type)",默认设置是"线性(linear)",但也可以选择"分块式(chess)"。当图像中没有明显的边界线时,这两种模式的效果差异并不显著。

图 8.50 ControlNet 插件界面

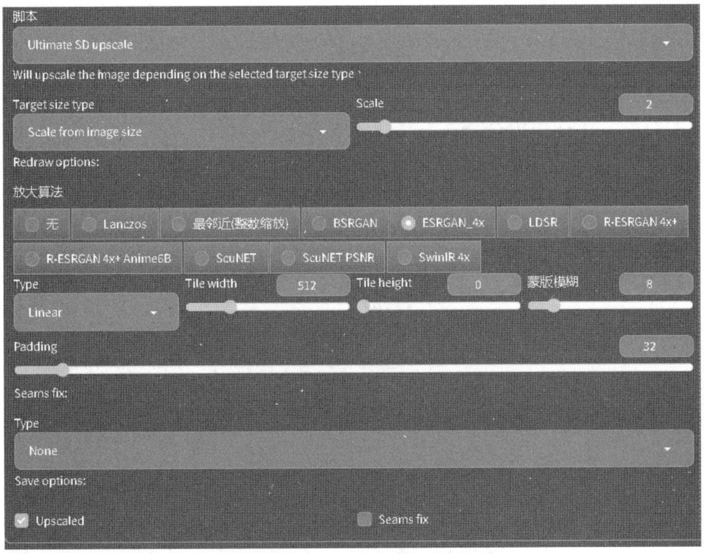

图 8.51 放大图像界面

步骤 12：生成图像，得到效果如图 8.52 所示。

步骤 13：对生成的室外雪景进行设计拓展，在主体结构不变的情况下，将场景改变为街景。进入图生图界面，提示词保持不变，采样方法保持不变，设置生成批次为 1 批，每批数量设置 1 张，调整重绘幅度数值为 0.75，如图 8.53 所示。

步骤 14：将雪景图像导入 ControlNet 插件中，选择控制类型为 MLSD，选择预处理器为 mlsd，选择大模型为 control_v11p_sd15_mlsd，设置如图 8.54 所示。

图 8.52　室外雪景大图

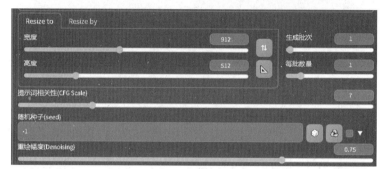

图 8.53　生成参数界面

图 8.54　ControlNet 插件界面

　　步骤 15：生成街景图像,效果如图 8.55 所示。在主体结构不改变的情况下,完成了设计拓展。

图 8.55　街景

8.3.2　AI 辅助室内空间设计案例

随着 Stable Diffusion 技术在室内设计行业的应用日益成熟,设计师们可以借助这些工具,以更高效、更精确的方式完成设计任务。本节将通过毛坯房装修的案例展示 Stable Diffusion 如何在室内设计中发挥作用。

室内装修案例如下。

步骤 1:准备一张毛坯房图像,清楚地显示房间的基本结构和布局,如图 8.56 所示。

图 8.56　毛坯房图像

步骤 2:选择室内设计类大模型,这类模型专门针对室内设计场景进行了训练。

步骤 3:输入的正向提示词为"逼真的照片,最好的质量,杰作,超高分辨率,精细的细节,逼真的照明,复杂的细节,超级的细节,没有人,客厅,室内,电视背景墙,沙发,桌子,白墙"。对应的英文提示词为"realistic photos, the best quality, masterpiece, absurdres, fine details, realistic lighting, complicated details, super details, no one, living room, indoor, tv background wall, couch, table, white wall"。输入的反向提示词为"最差质量,低质量,素描,抽象艺术,漫画,超现实主义绘画,概念画,图形,低分辨率,单色,灰度,文本,字体,徽标,版权,水印,签名,用户名,模糊,重复,质量差,背光,多余的数字,裁剪,低细节,低对比度,曝光不足,曝光过度"。对应的英文提示词为"worst quality, low quality, sketching, abstract art, comics, surrealist painting, concept painting, graphics, low resolution, monochrome, grayscale, text, font, logo, copyright, watermark, signature, username, blurry, duplicate, poor quality, backlight, extra numbers, cropping, low details, low contrast, underexposure, overexposure"。

步骤4:设置迭代步数为"20"步,设置采样方法为"DPM++ SDE Karras",设置图像的尺寸为768×512像素。设置生成批次为"1"批,每批数量为"1"张。

步骤5:将毛坯房图像导入ControlNet,选择控制类型为Depth,选择预处理器为depth_leres,选择大模型为control_v11f1p_sd15_depth,设置如图8.57所示。

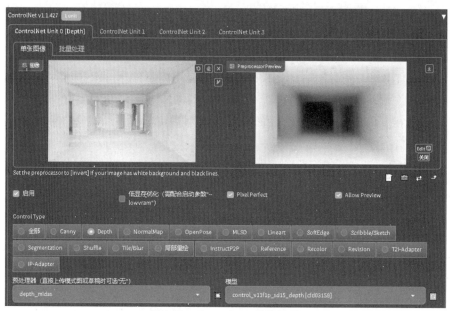

图8.57 ControlNet插件界面

步骤6:生成图像,效果如图8.58所示。

室内设计线稿图生成效果图案例如下。

步骤1:准备一张室内设计线稿图,如图8.59所示。

步骤2:选择"室内设计类大模型"。

步骤3:输入的正向提示词为"逼真,照片级真实感,最佳质量,杰作,超高分辨率,精细细节,质量,逼真的照明,复杂的细节,超详细,没有人,室内,窗户,桌子,阳光,椅子,玻璃落地窗,大理石,吊顶"。对应的英文提示词为"realistic, photo evel realism, best quality, masterpiece, absurdres, fine detail, quality, realistic lighting, complicated details, super detailed, no one, indoor, window, table, sunshine, chair, glass floor to ceiling windows, marble, suspended ceiling"。输入的反向提示词为"最差质量,低质量,素描,抽象艺术,漫画,超现实主义绘画,低分辨率,单色,灰度,文本,字体,徽标,版权,水印,签名,用户名,模

图 8.58 室内效果图

图 8.59 室内设计线稿图

糊,重复,背光,多余的数字,低细节,低对比度,曝光不足,曝光过度,多视图,多角度"。对应的英文提示词为"worst quality, low quality, sketching, abstract art, comics, surrealist painting, low resolution, monochrome, grayscale, text, font, logo, copyright, watermark, signature, username, blurring, repetition, backlight, extra numbers, low details, low contrast, underexposure, overexposure, multi view, multi angle"。

步骤 4:设置迭代步数为"20"步,采样方法为"DPM++ SDE Karras",设置图像的尺寸为 768×512 像素。设置生成批次为"1"批,每批数量"1"张。

步骤 5:导入室内设计线稿图到 ControlNet 插件中,选择控制类型为 Lineart,选择预处理器为 lineart_standard,选择控制模型为 control_v11p_sd15_lineart 模型。

步骤 6:生成图像,室内效果图如图 8.60 所示。

步骤 7:调整室内设计的色调与风格,输入的正向提示词为"黄色和蓝色调"。对应的英文提示词为"yellow and blue tones"。保持其他设置不变,生成的效果图将展现黄色和蓝色色调,如图 8.61 所示。

图 8.60　室内效果图

图 8.61　黄色色调室内效果

8.4　Stable Diffusion 创作包装设计作品

8.4.1　AI 辅助生成化妆品包装背景案例

Stable Diffusion 可以快速生成大量辅助安装设计方案,自动完成一些重复性工作,提供创新设计思路,并根据消费者的个人喜好和需求生成个性化的包装设计方案。未来,Stable Diffusion 和设计师相互协作,可以实现更好的包装设计效果。

化妆品背景创作案例如下。

步骤 1:生成一个白色背景的化妆品图,如图 8.62 所示。也可以在开源网络下载类似图像。

步骤 2:将图像导入 Inpaint Anything 插件,进行蒙版制作,如图 8.63 所示。

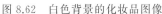
图 8.62　白色背景的化妆品图像　　　　　图 8.63　Inpaint Anything 插件界面

步骤 3：用画笔在图像分割区域的背景部分单击，标记出背景部分，如图 8.64 所示。

步骤 4：单击"仅蒙版"按钮，得到蒙版，如图 8.65 所示。下载该蒙版保存备用。

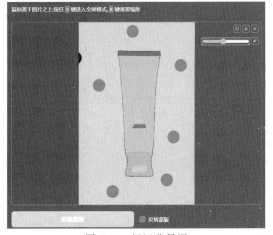

图 8.64　标记背景图　　　　　　　　　图 8.65　生成蒙版图

步骤 5：进入"上传重绘蒙版"界面，将化妆品图像与蒙版图像导入蒙版，如图 8.66 所示。

步骤 6：选择写实风格的"ReVAnimated"大模型，配合化妆品类的 LoRA 模型。

输入的正向提示词为"户外，瓶子，没有人，静物，模糊，气泡，风景，水滴，(海滩：1.2)，(海洋：1.2)，天空，蓝天，云，模糊背景，景深，反射，单独，运动模糊，花朵，树枝"。对应的英文提示词为"outdoor，bottle，no one，still life，blurry，bubbles，scenery，water droplets，(beach：1.2)，(ocean：1.2)，sky，blue sky，clouds，blurry background，depth of field，reflection，solo，motion blur，flowers，branches"。输入的反向提示词为"草图，(最差质量：2)，(低质量：2)，文本，错误，额外的数字，更少的数字，裁剪，签名，水印，用户名，模糊"。对应的英文提示词为"sketch，(worst quality：2)，(low quality：2)，text，errors，extra numbers，fewer numbers，cropping，signature，watermark，username，blurring"。

步骤7：将化妆品图片导入 ControlNet 插件,选择控制类型为 Canny,如图 8.67 所示。

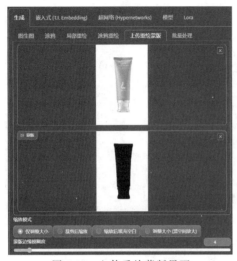

图 8.66　上传重绘蒙版界面　　　　　　　　图 8.67　ControlNet 插件界面

步骤8：生成图像,如图 8.68 所示。化妆品的背景制作完成后,如果生成效果不明显,可以尝试增加重绘幅度数值。

图 8.68　添加背景的化妆品效果图

8.4.2　AI 辅助生成香水包装案例

步骤1：绘制香水包装线稿,如图 8.69 所示。也可以在开源网络下载类似图像。

步骤2：选择写实风格的大模型"麦橘写实",选择合适的化妆品类型 LoRA 模型。

输入的正向提示词为"蓝色瓶子,阳光,海洋,反射,光泽,(亮度:1.5),香水,蓝色背景,简单的背景,超清晰的图像,难以置信的荒谬,杰作,无人"。对应的英文提示词为"blue bottle, sunshine, ocean, reflection, gloss, (brightness:1.5), perfume, blue background, simple background, super clear image, incredible absurdity, masterpiece, no humans"。输入的反向提示词为"(最差质量:2),(低质量:2),(正常质量:2)"。对应的英文提示词为"(worst quality:2), (low quality:2), (normal quality:2)"。

步骤3：将香水包装线稿导入 ControlNet 插件，选择控制类型为 Lineart，如图 8.70 所示。

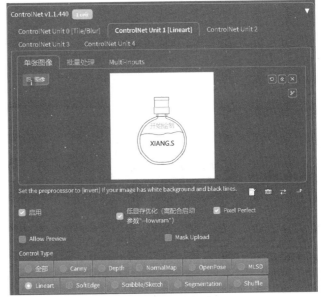

图 8.69　香水包装线稿

图 8.70　ControlNet 插件界面

步骤4：单击"生成"按钮，生成香水包装图像，如图 8.71 所示。

步骤5：同时开启两个 ControlNet 插件，第一个控制模块的控制类型为 Lineart，上传线稿图，控制生成图像的外形。第二个控制模块的控制类型为 Tile，上传生成图像，给图像增加细节，如图 8.72 和图 8.73 所示。

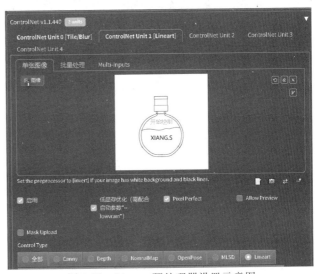

图 8.71　香水包装图

图 8.72　Lineart 预处理器设置示意图

步骤6：生成图像，如图 8.74 所示，生成了更多细节的香水包装图。

图 8.73　Tile 预处理器设置示意图

图 8.74　更多细节的香水包装图

步骤7：将第二次生成的图像导入"局部重绘手涂蒙版"界面,修复瓶盖部分的瑕疵。如图 8.75 所示。

步骤8：生成图像,如图 8.76 所示。生成了一张香水包装设计作品。

图 8.75　局部重绘界面

图 8.76　最终效果图

8.5　本章小结

本章探讨了 Stable Diffusion 在概念、游戏、建筑和包装设计中的应用。通过实例展示其操作方法和创作潜力,并提供了具体指南,强调 AI 与设计师协作的重要性,以此技术提升设计效率和创意。

第 9 章

Stable Diffusion 生成摄影作品

本章学习要点：

- 理解 Stable Diffusion 在人像摄影中的应用。
- 掌握 Stable Diffusion 生成动物摄影作品的方法。
- 掌握 Stable Diffusion 在风景摄影中的应用。
- 掌握 Stable Diffusion 在静物摄影中的使用。
- 学习如何结合提示词、大模型及 LoRA 模型与各类插件创造摄影风格的作品。

9.1 Stable Diffusion 生成人像

9.1.1 特写镜头人像案例

步骤 1：选择大模型"麦橘写实"，确保生成的图像具有高度写实的质感，如图 9.1 所示。

图 9.1　选择大模型界面

步骤 2：输入的正向提示词为"（极端特写：1.5），风景，一个女孩，海洋，岩石，电影照明，夏天"。对应的英文提示词为"（extreme close-up：1.5），scenery, a girl, ocean, rocks, movie lighting, summer"。输入的反向提示词为"最差质量，低质量，绘画，素描，绘图，抽象艺术，卡通，超现实主义绘画，概念图，图形，低分辨率，单色，灰度，文本，字体，徽标，版权，水印，签名，用户名，模糊，重复，质量差，背光，联系人，多余的数字，低细节，低对比度，曝光不足，曝光过度，多视图，多角度"。对应的英文提示词为"worst quality, low quality, painting, sketching, drawing, abstract art, cartoons, surrealist painting, concept maps, graphics, low resolution, monochrome, grayscale, text, font, logo, copyright, watermark, signature, username, blurring, repetition, poor quality, backlighting, contacts，extra numbers, low details, low contrast, underexposure, overexposure, multi view，multi angle"。

步骤 3：设置采样迭代步数为"20"步，选择采样方法为"Euler a"，设置图像的生成尺寸

为 768×512 像素。设置生成批次为"1"批，每批数量为"1"张，效果如图9.2所示。

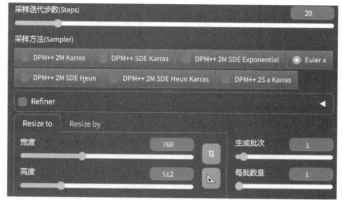

图 9.2　生成参数界面

步骤4：开启 ADetailer 脸部修复插件，避免人物脸部生成时出现错误，如图9.3所示。

步骤5：生成图像，特写镜头的人像摄影图像生成完毕，如图9.4所示。

图 9.3　ADetailer 插件界面

图 9.4　特写人像

9.1.2　中镜头人像摄影案例

步骤1：选择大模型"麦橘写实"，如图9.5所示。

图 9.5　选择大模型界面

步骤2：输入的正向提示词为"（最佳质量），（复杂的细节），冷色域，电影氛围，柔和的焦点，大气效果，（中等镜头：1.5），风景，女孩，海洋，岩石，电影灯光，夏天，日落，余晖，莫兰迪色调，围巾，白色长裙，景深"。对应的英文提示词为"（best quality），（complicated details），cold colors，film atmosphere，soft focus，atmospheric effect，（medium lens：1.5），scenery，girl，ocean，rock，movie lights，in summer，sunset，afterglow，Morandi shades，scarf，white long dress，depth of field"。输入的反向提示词为"最差质量，低质量，绘画，素描，绘图，抽象艺术，卡通，超现实主义绘画，概念图，图形，低分辨率，单色，灰度，文本，字体，徽标，版权，水印，签名，用户名，模糊，重复，质量差，背光，联系人，多余的数字，低细节，低对比度,曝光不足,曝光过度,多视图,多角度"。对应的英文提示词为"worst quality, low quality, painting, sketching, drawing, abstract art, cartoons, surrealist painting, concept maps, graphics, low resolution, monochrome, grayscale, text, font, logo, copyright, watermark, signature, username, blurring, repetition, poor quality, backlighting, contacts, extra numbers, low details, low contrast, underexposure, overexposure, multi view, multi angle"。

步骤3:设置采样迭代步数为"20"步,选择采样方法为"Euler a",设置图像的生成尺寸为768×512像素。设置生成批次为"1"批,每批数量为"1"张,效果如图9.6所示。

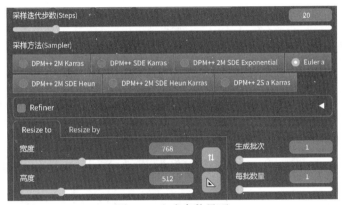

图9.6 生成参数界面

步骤4:开启ADetailer脸部修复插件,避免人物脸部生成时出现错误,如图9.7所示。

步骤5:通过多次或多批量生成的方式选择最符合要求的结果。生成中镜头人像,效果如图9.8所示。

图9.7 ADetailer插件界面

图9.8 中像头人像

9.1.3 AI肖像摄影案例

步骤1:准备一张肖像照片,如图9.9所示。选择大模型"麦橘写实"。

步骤2:输入的正向提示词为"杰作,最佳质量,纯白背景,摄影棚灯光,摄影棚,(特写:0.6),上身,肖像化妆,粉红色眼影,红唇,衬衫,领结"。对应的英文提示词为"masterpiece, best quality, pure white background, studio lighting, studio,(close-up:0.6),upper body，portrait makeup，pink eye shadow，red lips，white shirt，bow tie"。输入的反向提示词为"最差质量,低质量,绘画,素描,绘图,抽象艺术,卡通,超现实主义绘画,概念图,图形,低分辨率,单色,灰度,文本,字体,徽标,版权,水印,签名,用户名,模糊,重复,质量差,背光,联系人,多余的数字,低细节,低对比度,曝光不足,曝光过度,多视图,多角度"。对应的英文提示词为"worst quality，low quality，painting，sketching，drawing，abstract art，cartoons，surrealist painting，concept maps，graphics，low resolution，monochrome，grayscale，text，font，logo，copyright，watermark，signature，username，blurring，repetition，poor quality，backlighting，contacts，extra numbers，low details，low contrast，underexposure，overexposure，multi view，multi angle"。

步骤3：设置采样迭代步数为"20"步,选择采样方法为"Euler a",设置图像的生成尺寸为 512×768 像素。设置生成批次为"1"批,每批数量为"1"张,效果如图9.10所示。

图 9.9　肖像照片

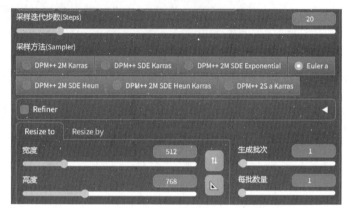

图 9.10　生成参数界面

步骤4：开启 ADetailer 脸部修复插件,避免人物脸部生成时出现错误,如图 9.11 所示。

步骤5：生成图像,效果如图 9.12 所示。

图 9.11　ADetailer 插件界面

图 9.12　女性肖像

步骤6：将图像导入"图生图"界面,设置重绘幅度为"0"。调整生成尺寸与参考图尺寸一致,如图 9.13 所示。

步骤7：使用 ReActor 进行脸部替换。将个人照片导入,勾选启用 ReActor 插件,如图 9.14 所示。

步骤8：单击"生成"按钮,生成图像,完成 AI 肖像的制作,如图 9.15 所示。

图 9.13　图生图界面

图 9.14　ReActor 插件界面

图 9.15　AI 肖像(色彩图)

9.1.4　胶片风格人像摄影案例

步骤 1：选择适合纪实摄影或胶片摄影风格的大模型,输入的正向提示词为"一个女人站在灯火通明的街道中央,美丽动人,[浅栗色和深金色],深橙色和灰色,看着镜头,(特写:1.2),前方,坚定的凝视"。对应的英文提示词为"a woman stands in the center of a brightly lit street, beautiful and moving, [light maroon and dark gold], dark orange and gray, looking at the camera, (close up: 1.2), front, a firm gaze"。输入的反向提示词为"最差质量,低质量,插图,绘画,卡通,素描"。对应的英文提示词为"worst quality, low quality, illustration, painting, cartoons, sketch"。

步骤 2：设置采样迭代步数为"30"步,选择采样方法为"DPM++ 2M Karras",设置图像的生成尺寸为 1024×1024 像素。设置生成批次为"1"批,每批数量为"1"张,如图 9.16 所示。

步骤 3：开启 ADetailer 脸部修复插件,避免出现人物脸部生成错误,如图 9.17 所示。

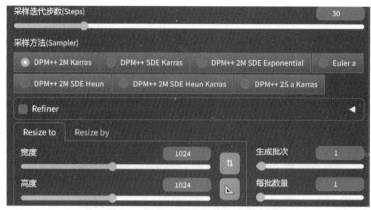

图 9.16　生成参数界面

步骤 4：生成图像，效果如图 9.18 所示，生成了胶片风格的人像图。

图 9.17　ADetailer 插件　　　　　　　图 9.18　胶片风格人像图

9.1.5　综合实践：AI 人像摄影案例

　　AI 摄影为拓展摄影的领域提供了可行性。未来的 AI 人像摄影可能不再被拍摄场地、拍摄时间、拍摄光线以及拍摄造型等条件限制。下面结合已掌握的插件知识内容讲解 AI 人像摄影的制作思路和方法。

　　步骤 1：生成一张简单背景的姿势造型图像，作为姿势参考图，如图 9.19 所示。

　　步骤 2：生成一张肖像图像，作为形象参考图，如图 9.20 所示。

　　步骤 3：进入文生图界面，选择大模型"麦橘写实"，输入的正向提示词为"现实主义，作品，摄影，完美的光源，一个女孩，红色哥特式洛丽塔连衣裙，长发，室内，(圣诞树：1.2)，礼物，地毯，窗口"。对应的英文提示词为"realism，works，photography，the perfect light source，a girl，red gothic lolita dress，long hair，indoor，（christmas tree：1.2），gift，carpet，window"。输入的反向提示词为"最差质量，低质量，绘画，素描，抽象艺术，卡通，超现实主义绘画，概念地图，图形，低分辨率，单色，灰度，文本，字体，标志，版权，水印，签名，用户名，(模糊，绿色：1.3)"。对应的英文提示词为"worst quality，low quality，painting，sketching，abstract art，cartoons，surrealist painting，concept maps，graphics，low resolution，monochrome，grayscale，text，font，logo，copyright，watermark，signature，username，（blurry，green：1.3）"。

图 9.19 姿势参考图

图 9.20 肖像图像

步骤 4：设置采样迭代步数为"20"步，选择采样方法为"DPM＋＋ SDE Karras"，开启高清修复，选择放大算法"R-ESRGAN 4x＋"，设置放大倍数为"2"，设置重绘幅度参数为"0.7"。设置图像的生成尺寸为 512×768 像素。设置生成批次为"1"批，每批数量为"1"张，效果如图 9.21 所示。

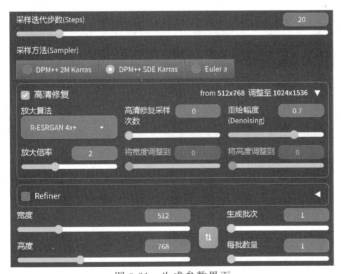

图 9.21 生成参数界面

步骤 5：将人物姿势图像导入 ControlNet 插件，开启插件的同时选择控制类型为OpenPose，设置如图 9.22 所示。

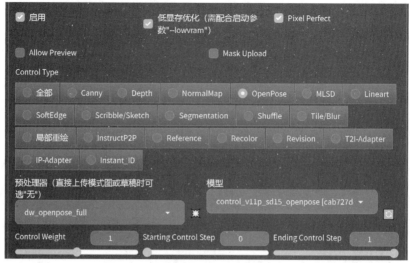

图 9.22　ControlNet 插件界面

步骤 6：将肖像图像导入 ReActor 插件，确保开启插件，设置如图 9.23 所示。

图 9.23　ReActor 插件界面

步骤 7：生成图像，效果如图 9.24 所示。通过步骤 5 固定生成人物的姿势造型，通过步骤 6 替换人物脸部。于是，一张固定姿势、固定人脸的节日 AI 人像图就制作出来了。

步骤 8：关闭 ControlNet 插件，取消姿势控制，让 AI 模型自由发挥，使其生成不同姿势和角度的图像。设置生成批次为"2"批，每批数量为"1"张。生成图像，如图 9.25 和图 9.26 所示。得到了同一人物采用不同姿势在相似空间内的图像。

步骤 9：如果有指定的姿势造型，在这一环节，可以将姿势参考图像导入 ControlNet 插件，选择控制类型为 Open Pose，只替换姿势参考图即可，如图 9.27 所示。

图 9.24　节日 AI 人像图

图 9.25　AI 人像一

图 9.26　AI 人像二

步骤 10：单击"生成"按钮生成图像，效果如图 9.28 所示，生成了指定姿势的人物图像。

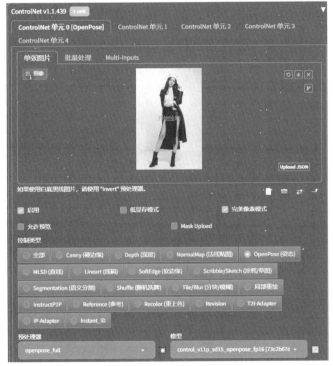

图 9.27　ControlNet 插件界面

图 9.28　指定姿势人像图

步骤 11：将生成图像导入"涂鸦重绘"模块，使用重绘功能对人物瑕疵进行修复。使用吸管工具吸取颜色，进行涂鸦，如图 9.29 所示。修复帽子。

步骤 12：输入的正向提示词为"白色玻璃，玻璃窗"。对应的英文提示词为"white

glass，glass window"。设置重绘幅度为"1"。生成图像，效果如图 9.30 所示。瑕疵修复完成。

图 9.29　涂鸦重绘界面

图 9.30　局部重绘修复后的图像

现阶段，AI 人像摄影需要关注不断涌现的大模型与微调模型，以及它们之间的组合产生的奇妙变化。本节提供了一些 AI 人像摄影的思路和方法，总结了一些常用的提示词以及相关的技术流程。也展示了未来摄影创作中技术与创意相结合的趋势，为摄影爱好者提供了更多的创作可能性

9.2　Stable Diffusion 生成动物

9.2.1　宠物猫摄影案例

步骤 1：选择大模型"麦橘写实"，以确保图像的写实效果。选择的 LoRA 模型为宠物类微调模型或动物拟人类微调模型，如图 9.31 所示。

图 9.31　选择大模型界面

步骤 2：输入的正向提示词为"猫，动物，红色背景，胡须，圆形眼镜，动物焦点，单独，简单背景，红色背景，没有人，夹克，太阳镜，看着观众，围巾，上身，逼真，男性焦点，眼镜"。对应的英文提示词为"cat，animal，red background，beard，round glasses，animal focus，solo，simple background，red background，no one，jacket，sunglasses，looking at the audience，scarf，upper body，realistic，male focus，glasses"。输入的反向提示词为"最差质量，低质量，插图，绘画，卡通，素描"。对应的英文提示词为"worst quality，low quality，illustration，painting，cartoons，sketch"。

步骤 3：选择采样方法"DPM++ 2M Karras"，设置迭代步数为"30"步，设置图像的生

成尺寸为512×768像素,设置生成批次与每批数量为"1",如图9.32所示。

步骤4:生成图像,批量或多次生成挑选满意的生成图像,效果如图9.33所示,生成了一张宠物猫图像。

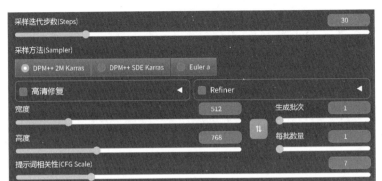

图9.32 生成参数界面

图9.33 宠物猫图像

9.2.2 宠物狗摄影案例

步骤1:选择大模型"麦橘写实"。选用LoRA模型为宠物类微调模型,如图9.34所示。

图9.34 选择大模型界面

步骤2:输入的正向提示词为"眼镜,无人,狗,牧羊犬,逼真,白色背景,简单背景,毛衣,单人,动物焦点,项链,珠宝,(高领毛衣:1.3),棕色眼睛,动物,看着观众"。对应的英文提示词为"glasses, no humans, dog, collie, realistic, white background, simple background, sweater, solo, animal focus, necklace, jewelry, (turtleneck sweater:1.3), brown eyes, animal, looking at viewer"。输入的反向提示词为"(最差质量,低质量:1.4),(多余的肢体:1.35),(画得差的脸:1.4),缺失腿部,(多余的腿部:1.4),丑陋,大眼睛,肥胖,最差的脸,(特写:1.1),文字,面部遮挡,签名,水印,女孩,人类"。对应的英文提示词为"(worst quality, low quality:1.4),(excess limbs:1.35),(poor drawn face:1.4), missing legs, (excess legs:1.4), ugly, big eyes, obesity, worst face, (close up:1.1), text, facial occlusion, signature, watermark, girl, human"。

步骤3:选择采样方法为"Euler a",设置迭代步数为"35"步,开启高分辨率修复,采用放大算法为"R-ESRGAN 4x+"模式,设置放大倍率为"2"。放大重绘幅度数值为"0.6"。设置图像的生成尺寸512×768像素,设置生成批次和每批数量为"1",如图9.35所示。

步骤4:生成图像,批量或多次生成,挑选满意的生成结果。如图9.36所示,生成了

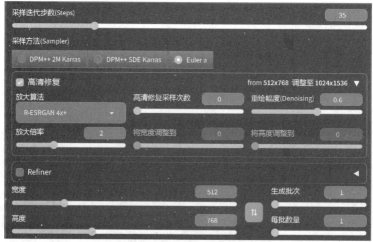

图9.35　生成参数界面

图9.36　宠物狗图像

9.3　Stable Diffusion 生成风景摄影作品

　　Stable Diffusion 技术在风光摄影创作中的应用,为摄影师和视觉艺术家带来了巨大的便利和创新空间。通过 Stable Diffusion,艺术家们仅凭几个描述性的文本提示就能合成具有高度真实感的风光摄影作品,大大扩展了创作的自由度。

　　风景摄影案例如下。

　　步骤1:提炼构思与提示词,在脑海中构建画面,并将画面转换为关键提示词。

　　步骤2:选择大模型"麦橘写实"。选择 LoRA 模型为山川湖泊类的风景模型。

　　步骤3:输入的正文提示词为"壁纸,风景,天空,(多云:1.2),树,天,水,反射,蓝天,森林,岩石,广角,雪山,松树,可用光"。对应的英文提示词为"wallpaper, scenery, sky, (cloudy:1.2), tree, day, water, reflection, blue sky, forest, rock, wide shot, snow mountain, pine_tree, available light"。输入的反向提示词为"(最差质量,低质量:1.4),单

色,符号,文字,徽标,门框,窗框,镜框"。对应的英文提示词为"(worst quality, low quality:1.4),monochrome,symbols,text,logo,door frames,window frames,mirror frames"。

步骤4:设置采样迭代步数为"20"步,选择采样方法为"DPM＋ SDE Karras",设置图像的生成尺寸为512×768像素。设置生成批次为"1"批,每批数量为"1"张,效果如图9.37所示。

图9.37　生成参数界面

步骤5:单击"生成"按钮,生成风景图像,效果如图9.38所示。

图9.38　风景图像

9.4　Stable Diffusion 生成静物

9.4.1　食物摄影案例

步骤1:选择大模型"麦橘写实"。搭配专注于食物图像质量提升的 LoRA 模型,如

图 9.39 所示。

图 9.39　大模型选择

步骤 2：输入的正文提示词为"(最好的质量,杰作：1.2),(超逼真,照片保真度：1.3),超细节,壁纸,(细节纹理),美食摄影,工作室照明,(水晶纹理皮肤：1.2)(非常精致美丽),陶瓷雕刻碗,(陶瓷碗配中国面条,绿色蔬菜和牛肉片),木桌,色彩丰富,饱和度高,(简单背景：1.4),(无人：1.4)"。对应的英文提示词为"best quality, masterpiece：1.2), (super realistic, photo fidelity：1. 3), super detail, wallpaper, (detail texture), food photography, studio lighting, (crystal texture skin:1.2),(very delicate and beautiful), ceramic carved bowl, (ceramic bowl with chinese noodles, green vegetables and beef slices), wooden table, rich colors, high saturation, (simple background：1. 4), (unmanned:1.4)"。输入的反向提示词为"(最差质量:2),(低质量:2),签名,水印,用户名,模糊,低分辨率,解剖不良,((单色)),((灰度)),不宜在工作场景中查看的内容"。对应的英文提示词为"(worst quality:2), (low quality:2), signature, watermark, username, blurry, lowres, bad anatomy, ((monochrome)), ((grayscale)), nsfw"。

步骤 3：设置采样迭代步数为"20"步,选用采样方法为"Euler a",设置图像的生成尺寸为 512×512 像素。设置生成批次为"1"批,每批数量为"1"张,效果如图 9.40 所示。

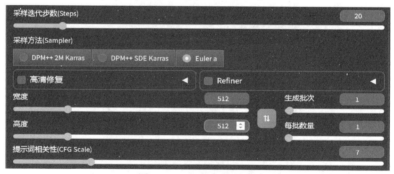

图 9.40　生成参数界面

步骤 4：制作两个圆形蒙版,一个黑色圆形,一个灰色圆形。在上传重绘蒙版功能中控制食物器皿的形状和角度。需要注意,蒙版的尺寸要与生成图像的尺寸一致。例如,生成图像的尺寸为 512×512 像素,那么蒙版的尺寸也应一致。蒙版图、外形图如图 9.41 和图 9.42 所示。

图 9.41　蒙版图

图 9.42　外形图

步骤5：将蒙版图导入上传重绘蒙版界面，选择重绘非蒙版内容，如图9.43所示。

步骤6：生成图像，这种方式非常适合制作中国食物，圆形的蒙版很好地控制了器皿的形状，结合模型以及提示词可以提升出图的效率。调整好提示词的搭配后，可以调节大尺寸生成图像，提高生成图的质量，如图9.44所示。

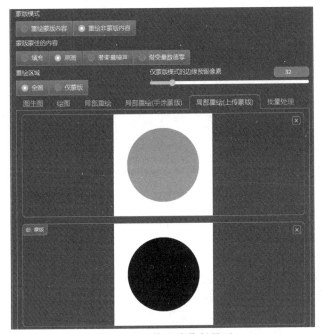

图9.43 上传重绘蒙版界面

图9.44 食物图像

9.4.2 水果摄影案例

步骤1：选择大模型"麦橘写实"，选用LoRA模型为能够产生水花效果的模型，如图9.45所示。

图9.45 选择大模型界面

步骤2：输入的正向提示词为"食品商业海报，几个草莓，没有人，水滴，水，飞溅，飞溅，景深，模糊，浅红色背景，杰作，最好的质量"。对应的英文提示词为"food commercial poster，a few strawberry，no humans，water drop，water，water splashing，splashing，depth of field，blurry，light red background，masterpiece，best quality"。输入的反向提示词为"（最差质量，低质量：2），不宜在工作场景中查看的内容"。对应的英文提示词为"（worst quality，low quality：2），nsfw"。

步骤3：选择采样方法"DPM++2M Karras"，设置迭代步数为"20"步。设置图像的生成尺寸为512×768像素，设置生成批次与每批数量为"1"。开启高清修复，对图像进行放大，如图9.46所示。

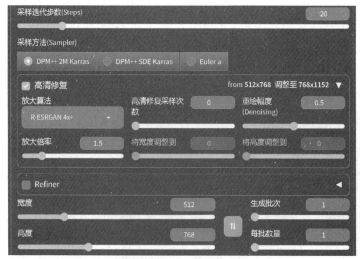

图 9.46 生成参数界面

步骤 4：单击"生成"按钮，批量或多次生成，挑选满意的生成效果，生成水果图像，如图 9.47 所示。

图 9.47 水果图像

9.5 本章小结

本章讲解了 Stable Diffusion 技术在摄影作品创作中的应用，涵盖人像、风景以及静物等多个主要的摄影领域。无论是追求艺术表现的人像摄影，还是风景和静物摄影的精细创作，Stable Diffusion 都展现了强大的生成能力和高度的适应性。通过学习 Stable Diffusion，读者可以在摄影创作中更快地实现创意构思，提升作品的质量和创新性。

参 考 文 献

［1］ 郑凯,王苟. 人工智能在图像生成领域的应用:以 Stable Diffusion 和 ERNIE-ViLG 为例［J］. 科技视界,2022(35):50-54.

［2］ 温逸娴. ControlNet 插件在 AI 生成图像中的控制应用分析［J］. 影视制作,2024,30(2):57-62.

［3］ 陈英,马洪涛. AIGC 在艺术设计专业领域的神助攻:以 Stable Diffusion 为例［J］. 服装设计师,2024(1):73-84.

［4］ 李果,张天度,邢致维. 技术革命前夜:生成式 AI 工具浪潮下的建筑与场景设计革新［J］. 中外建筑,2023(09):24-28. DOI:10. 19940/j. cnki. 1008-0422. 2023.09.005.

［5］ 何结平. 人工智能绘画生成工具 Stable Diffusion 视角下平面设计发展研究［J］. 科技经济市场,2023(11):45-47.

［6］ 赵睿智,李辉. AIGC 背景下 AI 绘画对创意端的价值、困境及对策研究［J］. 北京文化创意,2023(5):42-47.

［7］ 刘书亮. 论 AI 绘画对文化创意领域的影响［J］. 当代动画,2023(2):91-95.